U0151744

量子互联网：
超快速、超安全

The Quantum Internet:
Ultrafast and Safe from Hackers

[奥]格斯塔·菲恩克兰茨 著
Gösta Fürnkranz

何　明　邹明光　罗　玲　译
张　驰　孙　远　刘　杰　审校

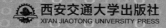

西安交通大学出版社
XI'AN JIAOTONG UNIVERSITY PRESS

图书在版编目(CIP)数据

量子互联网:超快速、超安全 /(奥)格斯塔·菲恩克兰茨著;
何明,邹明光,罗玲译. —西安:西安交通大学出版社,2023.9
(人工智能与机器人系列)
书名原文:The Quantum Internet: Ultrafast and Safe from Hackers
ISBN 978-7-5693-3253-7

Ⅰ.①量… Ⅱ.①格… ②何… ③邹… ④罗…
Ⅲ.①量子力学-互联网络 Ⅳ.①TP393.4

中国国家版本馆 CIP 数据核字(2023)第 101190 号

书　　名	量子互联网:超快速、超安全	
	LIANGZI HULIANWANG: CHAO KUAISU、CHAO ANQUAN	
著　　者	〔奥〕格斯塔·菲恩克兰茨	
译　　者	何　明　邹明光　罗　玲	
责任编辑	李　颖	
责任校对	王　娜	
封面设计	任加盟	

出版发行	西安交通大学出版社
	(西安市兴庆南路 1 号　邮政编码 710048)
网　　址	http://www.xjtupress.com
电　　话	(029)82668357　82667874(市场营销中心)
	(029)82668315(总编办)
传　　真	(029)82668280
印　　刷	西安五星印刷有限公司

开　　本	890 mm×1240 mm　1/32　印张 7.625　字数 174 千字
版次印次	2023 年 9 月第 1 版　2023 年 9 月第 1 次印刷
书　　号	ISBN 978-7-5693-3253-7
定　　价	79.00 元

如发现印装质量问题,请与本社市场营销中心联系。
订购热线:(029)82665248　(029)82667874
投稿热线:(029)82665397
读者信箱:banquan1809@126.com

版权所有　侵权必究

译者序

　　近年来,在量子力学二次革命的浪潮中,量子科技快速发展所带来的变化正在对学术界、产业界产生深远的影响。"量子互联网"作为一个崭新的课题在前沿研究中不断取得令人兴奋的进展,并且引起了从学者到大众的广泛关注。这种有别于传统互联网的新型互联网模式,其未来发展前景引人遐想。作者格斯塔·菲恩克兰茨将量子互联网的愿景描述为:"超快,而且在黑客攻击之下仍然安全。"随着对量子计算研究的不断深入,量子互联网的概念也自然而然地浮现在地平线之上,正如经典计算机技术的发展最终促成了因特网的出现。量子互联网的含义十分丰富,包括量子计算机之间的互联互通、量子信息的传递及量子中继的构造等。从信息论的角度来看,与经典的因特网不同,量子互联网的基础架构显著依赖于量子力学的基本规律,且量子纠缠在量子互联网的运行之中扮演了重要的角色。

　　本书深入浅出地介绍了量子密钥分发、量子计算机、量子隐形传态、贝尔实验、量子中继等概念,列举了当前国内外比较知名的一些实验和典型的量子密钥分发示范应用网络,并对相关的物理基础概念和关键技术环节进行了细致的介绍。本书不仅以严谨的态度和通俗易懂的语言向读者展示了从基本量子物理规律到最新实验室研究进展的宏大画卷,还深入探讨了量子物理学及量子通信的历史、现状和未来前景。特别值得一提的是,本书还明确地指出了量子互联网目前存在的局限性。

　　本书在翻译过程中请教了相关院士,综合多位专家的意见,进行了反复修改完善。感谢中国科学院上海光学精密机械研究所孙远研究员和无锡先进技术研究院副院长、高级工程师刘杰在本书翻译过程中提出的宝贵意见和指导。虽然本书以"量子互联网"命名,但是此前沿领域仍处于探索研究中,本书更多地是从"量子信息传输"的视角呈现量子科技发展的崭新成果。

本书内容全面、系统,结构清晰,语言通俗简明,给读者以启迪,可作为量子保密通信、量子计算机的科普读物,是读者认知量子基础知识的好帮手。同时,发展量子互联网技术任重道远,期待这个领域涌现出更多新成果、新作品。

译者
2023 年 7 月

序　言

　　几乎每一个对量子技术感兴趣的人都会萌发对量子互联网的设想。格斯塔·菲恩克兰茨(Gösta Fürnkranz)对这一设想的描述是"超快速、超安全"。作者对量子互联网的研究现状进行了深远、全面、同时又具有趣味性的阐述，填补了公众在该领域的知识空白。到目前为止，大多数人一般都是通过期刊文章和科技出版物的摘要来了解这些令人兴奋的新进展的。当然，物理学家，比如我本人，更加关注的是与这一领域的同行们进行的专业交流。我们不用担心技术术语是否艰深，因为使用准确的术语能够让我们在研究和开发工作中走得更远。然而，对于大众而言，这些术语显得冗繁并难以理解。但是我认为，今天的每个人都有权利，甚至是有责任，去及时了解出现在科技领域的重大发现和进展。在脸书和推特流行的今天，那个知识只属于出入于象牙塔里的少数学者的时代终于结束了，这是件好事。不过，通过所谓的新媒体传播的信息，其质量和准确性常常不尽如人意。我时常注意到这一点，这让我产生不安的感觉和负罪感。因此，我下定决心要将量子技术领域的知识变得更加易于理解和交流，但总是没有将这些良好愿望付诸实践的机会。作为一名研究人员，我终日忙碌于做实验、写论文、讲课及参加会议。

　　令我高兴的是，格斯塔·菲恩克兰茨的这本书全面、深入、趣味性强、易于阅读。作者有选择性地放弃了那种对细节的执着热爱，但不可否认一般的科学家常常专注于细节。我曾偶尔与作者进行热烈的讨论，他的观点让我确信，最重要的是对全局的理解，而不必在意每一个微小的技术细节。此外，阅读本书时，读者不必事先学习物理学专业的全部课程，也不需要查阅字典，甚至可以在浴缸里阅读。亲爱的读者，当你读完这本书，你将了解量子互联网是什么。不仅如此，你还将知道量子物理的历史和现状、通信技术的进展，以及未来的发展方向。作者还向读者展示了科学方法的美及其存在的一些局限性。

菲恩克兰茨巧妙地将物理学基础原理、技术背景、历史实例、前沿实验和可能的场景结合在一起，使读者可以直观地理解量子通信技术的全貌。他向读者介绍了量子物理的历史人物，以及当今量子信息学的先锋们。在本书的研讨部分，量子互联网的爱好者会发现本书物超所值。

我和作者一起，向所有读者推荐探索科学的一个基本方法：可证伪性。我们在科学研究中要做的是理解这个世界，从迄今为止所学和所发现的一切知识中得出所有可能的假设，从而建立对世界的全新理解。然后，我们退一步看看，将哪里作为我们科学实验的突破口。这种方法总会存在一定的风险，但也总是存在机遇，它取决于你在没有完成真正的验证前是如何看待可证伪性的。如果一项假设在实验中被（事实）证伪了，那么我们必须放弃它。即使我们已经为这项假设付出了大量的努力，并对它产生了感情，也不能将它保存下来。获得实验结果后，我们继续工作。我们提出并验证的这些假设，最终都只是关于前沿课题的工作假设。在当今物理学领域，我们试图将量子理论与物理学中的其他学科结合起来，同时将其应用到新技术中，这一过程进展很快，呈爆发式增长。菲恩克兰茨详细而全面地描述了当前的研究和发展现状。然而，这也意味着在短短几年甚至几个月内，研究的细节甚至整个领域都可能会有更新的进展。读者目前正在阅读的这本书生动地反映了当代物理学的这种生命力。

能够被作者邀请来写这篇序言，并有机会在其他读者之前阅读这本有趣的书，这点让我十分开心。我承认我对本书的质量和主题感到惊喜。我没想到的是，作者每天在学校任教，并不是该领域的科学家，却能够完成如此高质量的著作。我要感谢格斯塔·菲恩克兰茨在向广大读者传播和普及量子科学方面所做出的重要贡献。本书是近年来该领域最好的著作之一，与所有的专业出版物和顶尖科学家的研究论文相比毫不逊色。

　　亲爱的读者，祝您在阅读本书的过程中享受乐趣、大开眼界。

奥地利科学院量子光学与量子信息研究所副所长

鲁珀特·乌尔辛（Rupert Ursin）博士

前　言

　　相当长一段时间以来,数字化一直是我们所生活的世界中的一个决定性因素,其未来发展存在多种多样的机遇和可能。数字化最重要的一个方面是数字通信安全。为了长远地保障数字通信安全,技术的革新发挥着决定性的作用。有关未授权访问控制通信网络的事件正在迅速增加,对个人、社会和经济造成的危害也越来越大。互联网的普遍使用使民众面临着可能遭遇犯罪行为和恐怖活动的巨大威胁。随着在线业务和网络系统的稳步增长及物联网的发展,数据的安全和完整性问题迅速得到业界的重视。今天的许多关键词,例如工业 4.0、无人驾驶、可穿戴设备及智慧城市等,都预示着未来将是一个完全网络化的数字社会。在这样的社会中,数据量将呈指数级爆炸式增长。从长远来看,只有通过研发绝对安全的技术才能匹配这种发展。迄今为止,所有的安全技术都是基于增加数据的访问难度,概莫能外。然而,还有一种方案——量子通信,即利用自然界的物理定律,使对数据和信息的未授权访问变得完全不可能。

　　这一方案的核心是量子信息技术,它为信息理论开辟了一条全新的路径。在现代信息技术中,数据的处理和传输都是以比特(bit)和字节(byte)为单位的,即二进制序列。根据定义,二进制序列中只包含数字 0 和 1。而量子信息则将量子比特(qubit)定义为其基本单位,量子比特表示 0 和 1 的同时叠加。与经典的信息概念相比,量子信息有两个决定性的优势:一方面,量子比特存储和传输的信息数量比经典比特大得多;另一方面,量子比特具有一种内在的安全特性,使得量子信息不会受到拦截或黑客攻击,这是传统信息技术所没有的全新功能。经典的信息可以进行任意复制,因此未授权访问将不可避免。由于量子比特内在的安全特性,它对这种攻击是免疫的。

近年来,通过基础研究,人们发现了一些基本定理,证实了这项技术的巨大潜力。最近的突破性实验为量子通信技术的发展开辟了道路,例如,一条长达 1203 km 的量子信道已成功搭建。新兴公司率先将量子密码设备引入市场。世界各地都在大力发展量子全球分发技术,旨在促进远距离量子通信和多用户接入。从根本上来说,该技术需要一个特殊的量子网络。欧洲、亚洲和美国建立了早期的量子网络雏形。中国和欧洲设立了一些基金,专门用于资助该领域的机构和公司开展研究。专家们纷纷预测,这项技术的前景一片光明。最先出现量子技术的地方是欧洲,欧洲的研究机构对研发能够防窃听的量子密码特别感兴趣。

未来量子网络发展的另一大驱动力是计算机技术的发展水平。根据计算机的基本原理,计算机技术将在可以预见的未来达到极限。除此以外的挑战是,目前存在许多连超级计算机都无法在合理的时间范围内解决的 IT 问题,还有一些问题根本无法解决。人们在很久以前就开始对新技术进行探索。迄今为止,最具革命性的解决办法是提出量子计算机的概念。量子信息的终极目标是研发一种在技术上可行的基于量子物理定律的计算机。包括谷歌(Google)、国际商业机器公司(IBM)、微软(Microsoft)等在内的全球领先的公司都对此产生了浓厚的商业兴趣,这表明我们有可能实现量子信息的终极目标。近期,摩根士丹利公司(Morgan Stanley)非常重视量子计算机的研究,甚至连评论家们也对该研究表示赞同,例如计算机科学家斯科特·阿伦森(Scott Aaronson)对此表示支持。尽管目前量子计算机仍处于早期阶段,但它很有可能是能够显著提高传统计算机性能的唯一希望。如果量子计算机能够突破技术可行性的门槛,它将会有更加美好的前景。未来,数据安全技术与量子计算机网络的结合可能会促使出现量子互联网。量子互联网将引起计算机安全和处理速度的革命性变化。由于量子计算机在理论上可以解决某些目前连超级计算机也无法解决的问题,因此超级量子网络能够为未来的信息世界提供无限可能。

在此想就本书的结构和内容补充几句。作者有意保持乐观的写作风格,因为我们完全有理由对该技术抱有希望。有关量子领域的科学研究已经取得了许多相关突破,我们当然要将量子技术这一新兴领域的前景和潜力向更多读者进行展示。作者认为该技术所涉及的科学无比重要,将对我们看待世界的方式产生重大的影响。当然,量子物理领域仍然存在争议,甚至在拥有最渊博知识的专家们之间也存在激烈争论。从科普的角度来说,为了让读者更容易理解,需要在学术的准确性和简化之间取得平衡,这一点特别具有挑战性。由于科普读物基本都会采用一种类似教学的图书结构,因此我希望读者能够按照本书目录的顺序来进行阅读。本书的前半部分提到了许多科学术语,后续会进行更详细、深入的讲解。第1章介绍了实验思路,它是第2章和第3章中讨论的实验和原理的重要基础。在某些方面,本书有意不采用传统的阐述方式。这样做是为了更深入地引入物理实体意义上的信息的概念,这一概念最近倍受关注。在某种程度上,本书支持该领域的主要专家,如安东·蔡林格(Anton Zeilinger)所提出的有趣见解。从这个意义上讲,作者想为读者提供的是当前的研究现状和通向未来量子互联网的最新进展的全面信息。请允许本书带您踏上一段迷人的未来之旅,为您呈现一个全新的科技时代,未来这将会成为现实。

译者简介

何明，教授、博士生导师。入选国家级高层次人才、江苏省"333工程"中青年领军人才。兼任中国指挥与控制学会无人系统专业委员会副主任、江苏省社会公共安全应急管控与指挥工程技术研究中心主任。担任《系统仿真学报》等6个期刊编委。发表SCI/EI等检索论文100余篇，出版的教材、著作获奖4部，获授权发明专利12项，主编国家、省级标准6部。获江苏省科学技术奖一、二等奖2项，中国指挥与控制学会科技进步奖一等奖2项，部级科技进步奖二等奖2项，省部级教学成果奖二等奖2项。

目　录

第1章

量子数字化的未来

1.1　数字化未来设想

P. 1①

　　18 世纪 60 年代发起的工业革命给人类带来了全球性的变化。伴随工业革命的是经济社会的深刻变革,这种变革极大地促进了生产力和科学技术的发展。工业革命也造成了一些负面影响,导致了一系列社会问题,工人阶级的不满使得政府有必要实行新的制度,并开展社会改革。在 21 世纪的今天,人类同样也面临着划时代的变化。工业革命时代,蒸汽机取代了手工劳动。现在的数字化时代,微芯片将取代脑力劳动。20 世纪 40 年代以来,伴随着计算机技术的发展,人类于 1969 年第一次实现了登月。而微型计算机和家用电脑的普及,使得互联网和网络移动设备的发展达到顶峰。从此,信息化时代进入快速发展阶段,并且信息化时代的未P. 2
来发展方向是万物全面联网。目前,互联网连接着几十亿人,预计不久的将来会有大约 400 亿台联网设备。数字化具有强大动力,

---

①　边码为英文原书页码,供索引使用。——编者注

开启了人类发展的新篇章。数字化基础设施、产品和服务正在改变社会和经济。人们把这种新的现代化变革称为"数字化革命"，这个过程远远没有结束，在物联网领域尤其如此。未来学家认为便携式电子产品、技术辅助系统、机器人和人工智能具有巨大的发展潜力。数字化与现代系统的网络化生产过程相结合，可以提高效率、促进创新。交通领域正在出现深刻的变革，焦点是公共交通的数字化网络和无人驾驶。

历史告诉我们，无论从积极还是消极的角度来看，技术发展都会成为推动社会变革的强大动力。新技术不断给人类带来挑战，同时也扩大了我们的活动范围。新技术让我们的生活更容易，也带来了新的问题。技术的进步推动新石器时代革命发展到工业革命。举个例子，印刷机的发明。印刷机不仅是科技巨大进步的产物，而且改变了我们看待和体验世界的方式。如今，数字化变革带来了新的挑战和威胁。我们需要考虑的是，人们存在被完全监视和受到人身自由限制的风险，同时还存在防范网络犯罪和人工智能的伦理问题。截至目前，每一次技术变革都伴随着大量工人被新技术所取代。此外，新的技术活跃领域正不断涌现。许多公司将需要接受变革，以避免被数字化革命吞没（用新技术、新系统取代现有的产品和结构）。因此，我们需要在政策上构建保障现代机制、维护社会安全的法规，以便充分发挥出新技术的潜力。

微电子技术和通信技术的不断进步，让我们对包含无数传感器和计算机的、嵌入到个人环境的、包容万象的网络产生了憧憬。我们可以在许多日常生活用品中部署微处理器、存储设备和低成本传感器。近几十年来，微处理器的体积更小、功能更强、价格更低。此外，无线传感器还实现了远距离快速监测和诊断。我们可以进行大量的安装和调试，而无需昂贵的线缆连接，且可以隐蔽地

P.3

集成到以前无法兼容的网络中。这种具备位置识别功能的无线设备其质量水平非常高，是前所未有的。无处不在的智能手机文化，以及身份证和信用卡中的射频识别标签或芯片，这一切都预示着"普适计算"新时代的到来。早在 1990 年，计算机工程师、通信科学家马克·韦泽（Mark Weiser）就曾预言："21 世纪，技术革命的方向是日常化、小型化和隐形化。"于是，欧洲发明了"环境智能"这个词，主要表示日常用品之间的数字通信，用于改善和简化人们的生活。该领域的研究目标是对处理器、传感器和无线模块进行联网，从而能够自适应地对用户需求进行响应。同时，可视化技术能够融入环境，以几乎令人无法察觉的方式进行工作。例如，系统在环境中检测到不同的人员时，能够分别作出不同的响应。日常用品将从被动转向主动，灵活地为不同的用户提供不同的服务。语音和动作识别等创新性接口为这类功能的实现提供了支撑。从长远看，环境智能将会覆盖生活的所有领域，未来的智能家居都将会更加舒适、安全，同时包含能源的管理优化。办公室的环境智能会大幅提高生产力，生产效率将在智能辅助系统的帮助下得到提高。在智能交通领域，环境智能将能够使交通更加安全，同时减少能源消耗。此外，传感器网络能够执行所有的监控任务。当然，度的把握很重要，这样普通公民的隐私才不会完全暴露在监控之下。

　　对于未来的互联网使用而言，第五代移动通信标准（5G）至关重要。高达 10 Gb/s 的数据传输速率和低延迟能够为高密度的移动设备提供支持。大量新的业务模型和应用将被启用。预计到 21 世纪 20 年代末，"5G 超级网络"将涵盖 400 多亿个网络终端。5G 技术为支持环境智能的物联网提供了坚实的基础，使设备之间能够互相通信，并在互联网上提供额外信息。根据用户的需求指令，这些设备能自动为用户提供支持。此外，工业能从更好的机器维

P.5　护中受益,如机器状态信息的自动通信。另一类则涉及可穿戴设备,例如,可穿戴设备记录生命体征(如心跳或血压),并将相关数据传输到医疗中心,支持对患者的健康状况进行远程监控。增强虚拟现实系统具有传递更多信息的潜力。例如,通过特殊的眼镜来对额外的视觉信息或对象进行实时显示,其本质是创建了一个交互式的虚拟环境。从旅游业、教育业到手工业、建筑业,我们可以想象出无数可能的应用。例如,我们可以在开始施工之前,通过虚拟空间来查看建筑项目,或者直接向对象中导入工作指令。

　　此外,物联网也是无人驾驶的基础,这一特殊的挑战正日益成为汽车行业的焦点。无人驾驶为整合和优化公共、个人交通提供了新思路,这种交通方式既能提高乘客的舒适度,又能减少对环境的影响。无人驾驶不但能够为预防交通事故、缓解停车问题、减轻交通拥堵等提供支持,还能有效减少汽车数量。目前,这项技术主要是作为一种辅助系统来实现的,未来某个时候将会发展成为完全无人驾驶。5G技术发挥了重要的作用,因为大量的车辆数据需要在几秒钟内完成传输和处理,这一点对移动网络运营商提出了巨大的挑战。移动网络运营商不仅需要同步记录车辆位置,还要不断更新十分精确的地图素材。需要的数据还包括路线、道路状况、当前交通状况、天气状况、其他车辆的驾驶操作等。这里直接
P.6　产生了一个权限问题:谁真正拥有这些数据及如何进行使用? 当然,另一个问题是黑客攻击和软件安全问题,这里显然需要一套非常先进的评价标准。此外,还出现了一些全新的法律问题,例如发生事故后如何进行合法的保险索赔。在这种情况下,"司机"是否可以完全免除责任和处罚? 谁应该对此负责呢?

　　公众耳熟能详的"工业4.0"是指通过这种方式连接的现代信息及生产技术的工业应用。智能化和数字化网络系统是实现这一

目标的基础,这将在很大程度上实现生产的自动化管理。人、机器、设备和物流,甚至产品本身,都能直接进行合作和交流。这个集成网络不仅能支持个别生产步骤的优化,还能支持整个价值链的优化,涵盖了包括回收利用在内的产品生命周期的所有阶段。工业4.0通常可以理解为一种基于传感器和透明功能的未来机器网络项目,即通过传感器数据、技术支持和自主决策进行工作。然而,要达到这一技术水平,需要解决许多难题和挑战。工业4.0的主要目标是将信息技术与生产技术相结合。核心是一个所谓的网络物理系统,即由软件组成的网络,其中的机械电子组件通过基础设施(如互联网)进行相互通信。在提供标准规范产品的基础上,信息技术与生产技术相结合可以实现产品和服务的创新。在这种情况下,作为"新型原材料"的数据显得尤为重要,数据的安全和所有权自然而然地起到了关键作用。

计算机技术的最新进展和网络产生的爆炸性增长的信息量为人工智能(artificial intelligence,AI)的进一步发展提供了新的前景。长期以来,人工智能话题已经逐渐成为企业和公众关注的焦点。人工智能存在多种可能的应用,包括制造、维护、物流、销售、营销和控制,以及搜索算法等。即使在今天,计算机不仅能处理结构化信息,也能处理非结构化信息(如语音或照片)。因此,计算机能够生成和处理以前无法获得的额外数据。机器学习变得越来越重要,计算机能够从每个案例中进行学习。这一点进一步降低了出错的概率,优化了响应流程。除了在工业上的应用外,现代机器人还能够在几分钟内诊断出肿瘤。未来将可能出现神经假体,也就是说,神经假体有望使患者恢复因伤病而受损的运动、感觉和认知能力。除了传统的计算机科学之外,量子计算机等创新性概念为机器学习带来全新的前景。一些专家认为量子计算机将彻底改

P. 7

变机器学习。谷歌、IBM 和微软等公司已经开始在人工智能与量子计算的融合领域进行投资。在这种情况下，伦理问题也变得越来越重要，所有的革命性技术都需要解决这类问题。在将人工智能引入企业时，人们担心技术进步会导致工作岗位减少，如今这个问题已经给员工造成了困扰。管理层可以减轻员工的这种担忧，通过沟通让员工相信：在绝大多数情况下，人工智能只有通过与人的互动才能充分发挥其潜力。

P. 8   智能电网将能够满足未来经济生态优化的需求。消费者和网络运营商之间可以直接沟通，从而实现配电网的供需平衡，促进向可再生能源的持续转型。以风力发电或光伏发电为例，发电会受到自然的影响。通过数字通信来协调用户、发电机和存储之间的交互，智能电网实现了自适应响应，从而能够达到最佳的效率。围绕数字化技术来实现可持续资源的有效利用，是打造未来智慧城市的重要途径。

作为可以长期节约能源和资源的一种手段，3D 打印技术具有广阔的发展前景。这一领域也得到了企业团体的大力支持。对复杂的应用程序而言，3D 打印技术变得越来越有趣。未来的某个时候，3D 打印甚至可能取代标准的制造工艺。如今，亚洲就有用 3D 打印的房屋，该房屋并没有采用传统的建筑方式。因此，生产系统可以去中心化，以便生产和消费能够在同一地点进行。目前尚不能确定的是，如果这项技术进入市场，将对销售、运输和配送产生什么样的影响。但是与许多制造工艺相比，3D 打印能否提高经济效率还有待考察。此外，随着打印组件的结构复杂度越来越高，3D 打印的效率也会提高。"生物打印"和"数字化食品"这样的词汇预示着未来我们将会看到医疗和食品生产等领域的重大创新。可以设想一下，线上商店采用了 3D 打印技术，顾客不再购买实物，而是

下载数字化设计方案,然后将其输入定制的 3D 打印机。无论如
何,3D 打印涉及的数据素材都应当足够复杂,并且需要相应地加
以保护。

未来产品:数据保护和处理器性能　　P.9

鉴于网络化的普遍趋势和上述设想(人们已经对这些设想进
行了广泛讨论,并非源自作者的想象),显然,我们需要比以往更为
全面地考虑未来的数字化安全问题。数字化安全问题不仅存在于
当前的通信网络,也存在于物联网。许多专家预测,在未来几年,
物联网将变得越来越普及。从全球范围来看,即使在今天,互联网
上每秒钟都有数以百万计的黑客和窃听者,给受害者带来巨大的
经济损失。未来世界的网络化程度将越来越高,安全问题无疑会
加剧。我们甚至无法想象这对未来的完全无人驾驶意味着什么,
如果对控制着数万辆汽车的管理系统进行定向网络攻击,可能会
导致彻头彻尾的灾难性后果。此外,重要基础设施,特别是与现代
工业系统有关的基础设施,需要特殊的保护。一个根本的问题是,
未来产生的数据量(每年以指数级增长)将会达到极限。网络未授
权访问和犯罪攻击的风险将迅速增加,同时海量的个人数据也令
人无所适从。如今,互联网上现有的信息量(截至 2020 年,每月约
200 EB)过于庞大和复杂,无法使用传统方法进行处理。因此,人
们通常会集中采集海量数据,然后进行相互关联(即大数据)。这
种方法在许多领域都十分有用,包括商业、金融和医疗等方面。此
外,随着个人数据量的不断增加,对隐私权和数据所有权的保护成　P.10
为一个越来越大的挑战。在这样一个高度互联的世界里,我们需
要将"真正的隐私"视为社会中最重要的底线。否则,对我们所有
人来说,被完全监视(在某些地方已经出现)带来的威胁将不可

避免。

　　从目前来看，个人数据的交易是一项蓬勃发展的业务，但这可能会导致一些被人们忽略的法律问题。我们需要建立长期的保护系统，这种系统不仅包括规章制度，还应该包括技术安全措施。人们通常把数据形容成未来的黄金，分析和处理数据可以为大型企业带来巨额回报。然而未来将出现与之完全不同的商业模式，这在某种程度上来说是合理的。因此，我们需要将全面的网络保护和隐私权保障作为未来商业的一个关键因素加以重视。同样至关重要的还有中央数据存储、数字档案和数据库系统等问题，目前我们已经在这类系统里储存了大量的资料。现在我们要求安全的系统能够在20年、50年甚至100年后仍然满足新的安全需求。多数银行和大公司认为，虽然现在的安全技术看起来是足够的，但在未来的某一天情况可能不再如此。随之而来的将会是公众的恐慌和不安。需要明确指出的是，数字化安全技术完全基于一个假设：攻击者所用的计算机其性能不足以破解密码或现有的防火墙。然而，没有直接的科学证据支持这一假设。目前用于数字签名和密钥交换的公钥算法（如RSA算法或椭圆曲线算法）的弱点在于，它们是基于复杂数学问题的。研究上的突破和计算能力的不断提高可能导致这些算法被破解。因此，最基本的问题是：我们如何实现长期可持续的网络保护能力，以应对未来的超高性能计算机？

　　因此，通过科学技术途径来研发数字化安全的新方法符合整个社会（而不仅仅是政府和精英）的利益。量子通信是实现这一目标的理想手段。量子通信采用了内在安全的创新方法，即系统的有效性不会受到攻击者计算机性能的影响。基于物理定律的基本机制保证了系统能够对攻击免疫，然而目前已有的信息技术都无法实现这种程度的安全。此外，量子通信提供了一种方法，能够自

P. 11

动对潜在重要安全漏洞免疫,即两个节点之间的数据连接能够完全防窃听。这种高度安全的连接既可以直接通过点到点来建立,也可以通过可信的节点来建立。量子通信与传统的安全技术方法相结合,还可以防止黑客攻击和数据库的未授权访问,为系统提供前所未有的保护。事实上,这项技术的基本原理是完善的,而且非常接近成熟市场水平。而达到成熟市场水平的最后一步需要足够多的投资。在亚洲的测试网络中,这项技术已经得到了大规模的应用。美国计划建立一个能够防止黑客攻击的量子网络供公众使用。有人预计这种网络将在近些年实现跨区域分布,这项技术将在局域网和主干网中发挥重要作用。由于量子网络也涉及许多商业应用,因此可能最终将形成一个不断发展的全球高安全性的网络。所以,量子网络完全符合未来对安全的需求。目前,有些公司　P. 12
已经可以提供基于量子密钥分发(quantum key distribution, QKD)的安全解决方案,提高了传统加密系统的安全性。这类系统将分布式应用与通过光纤连接的链路加密相结合,其典型的应用包括局域网的安全扩展、企业环境及数据中心链路。高达 10 Gb/s 的连接带宽和 100 km 的覆盖范围使得人们能够方便地使用城域量子网络。可以想象,在不久的将来,众多消费者将会通过在计算机中采用量子模块实现安全通信。

　　数字化的未来似乎能够反映出计算性能的快速增长。计算性能的增长是前文所述的呈指数级增加的数据和所需处理器性能不断增加的结果,它还涉及未来的逻辑和任务优化。可以看到,目前存在着许多传统计算机根本无法解决的问题,或者这些问题至少不能在合理的时间内解决。一个著名的例子就是旅行商的问题。对任何传统计算机来说,寻找通过所有给定点的最短路径似乎都是一个巨大的挑战。假如旅行商希望访问 20 个城市,那么就需要从五百万条可能的路线中找出最佳路径。一些未来的全球性问题就与此相关,例如无人驾驶系统的交通路线优化问题。技术的难题并不在于如何使用传感器采集大量的数据,而是如何同时计算所有车辆的最佳驾驶操作。基于传统的电子数据处理(electronic data processing, EDP)方法时,传统计算机处理这类难题所需的时间过长,无法用于实际的应用。应用量子计算机所做的首次仿真

P. 13　表明,使用量子计算机可以在更短的时间内完成类似的寻找最优解任务。此外,后续还会存在许多挑战。在人工智能和机器学习领域,量子计算机会变得越来越重要,因为我们熟知的"硅革命"很可能在几年内结束。在所有具有潜力的技术中,量子计算机是最有前途的一种。它可能是提高计算机性能的唯一方法,甚至可以把计算机性能提高到一个新的维度。例如,量子计算机能够更有效地解决人工智能应用所面临的非常复杂的组合优化问题。量子计算机还能够更快地在噪声数据中执行模式识别,从而为机器学习提供了新的视角。目前很明显的是,任何复杂问题的数字化量子仿真都可以通过量子模拟器来进行。包括谷歌、微软及IBM在内的IT巨头都已经在这类新技术上投入了数十亿美元,显示出其巨大的市场潜力。例如,大众汽车与谷歌达成了一项合作协议,将使用量子计算机来研发新的电池材料、计算无人驾驶的线路。也就是说,量子技术肯定会在未来发挥重要作用。从科学角度讲,量子计算机具有巨大的价值。技术上可用的量子计算机和网络技术的发展是研究的重点。目前,有关量子密钥分发网络的研发是一个清晰而具体的目标(已有政府和公司明确表达了他们的兴趣)。然而,开发强大的量子计算机网络仍然仅仅是一种未来展望。我

P. 14　们甚至不清楚这个网络可以集成哪些功能,也无法估计它在物理/技术上实现的可能性有多大,为此我们需要考虑多方面的因素。

对一些研究人员而言，这项研究仍处于摸索阶段。还有些专家沉醉于一些令人无限神往的猜测，认为未来将会从这些新的量子技术中产生一个无比强大的超级网络，从而为系统调度、处理速度、数据率及安全性设定出全新的标准。这里需要明确指出的是，量子互联网的速度优势并非直接源于针对可用信息的极快传输速度，而是归功于量子比特能够存储和传输比经典比特多得多的信息。尽管量子互联网的通信速度无法超越光速，但它能以超越光速的速度进行调度并完成任务同步。在这方面，它确实是独一无二的（我们将在后面章节详细讨论）。毕竟，量子互联网的优势不仅仅体现在量子计算机的速度上。通过合理配置，量子互联网还能够促进可扩展量子计算机的发展（即将处理能力扩展到任意数量的量子比特）。鉴于未来互联网的需求，需要注意的是：从长远来看，如果传统信息技术的设想是有意义的（这些设想不会立即实现，而是一种渐进式的革新），那么未来传统信息技术的创新将离不开"量子数字化"技术。因为从理论上来说，量子计算机将对传统的安全技术构成威胁，需要采用新的安全方法。讽刺的是，这些新的安全方法又主要是基于量子理论。

1.2　革命性的量子物理学

P. 15

在"阿尔卑巴赫欧洲论坛"（European Forum Alpbach，EFA）上曾多次讨论量子技术这个话题。几十年来，量子技术对人类产生了革命性的影响，包括激光、成像技术及半导体技术在内的技术革新都起源于量子力学基本定律。现代计算机的发展对这些技术来说是至关重要的。没有现代计算机，今天的互联网及任何其他的全球网络都将不存在。不为人知的是，每一部智能手机、每一台

DVD 播放器,甚至每一个浴室 LED(发光二极管)灯都可以看作是量子理论的产物。中等工业化国家三分之一以上的国民生产总值都是由基于量子理论的产品所产生的,从这一事实可以看出,量子技术对经济的高度重要性是显而易见的。近几十年来的研究结果使人们有理由期待量子技术将会发挥更大的作用。人们将在不同领域找到量子技术的应用,并对许多领域的现有技术解决方案进行改进。量子技术为未来提供了新的前景和可能。除了量子通信和量子信息学外,量子传感器技术也引起了人们的特别关注。量子物理是一门研究不确定性和概率的科学,但它有可能达到前所未有的准确度。即使在今天,传统传感器变得越来越小,越来越精确,然而用传统方法对灵敏度和特定参数进行技术改进的潜力并不大。而量子效应,如量子态的叠加和纠缠,不仅可以用来记录物理参数,如压力、温度、时间、位置及加速度,还可以更精确地记录电场、磁场和引力场。量子物理不仅具有广泛的应用,而且可以作为基础理论用于研究科学中的基本问题。

P. 16

　　为了便于理解我们今天距离"第二次量子革命"有多近,一起来看看第一次量子革命。19 世纪末,一些才华横溢的大学生建议大家不要学习物理专业,包括年轻的马克斯·普朗克(Max Planck),因为他们认为物理学的大厦已基本完成,所有重要的发现都已经被前人做出,剩下的都只是缝缝补补的小事。然而,正如开尔文勋爵威廉·汤姆森(William Thomson)所说,物理学领域很快出现了"乌云"。举个例子,由发光体(如太阳)发出射线,当太阳的亮度达到峰值时,从我们的人眼看来,发出的是一种明亮的白光,而几乎没有人意识到这种光线中含量最高的是绿色射线。我们产生上述错觉的原因是太阳(和每颗恒星一样)会发出多种不同波长的射线,而人们将这种混合的可见光理解为"白"光。从物理学的角度来看,绿色射线的含量最高,背后的真正原因是维恩位移律。该定律指出,随着恒星表面温度的升高,所发出射线的最大波长逐渐减小。例如,温度非常高的恒星会发出蓝光;而在下一个阶段,例如中等温度的太阳,就会发出绿光;猎户座中的低温红巨星,例如参宿四,发出的光则主要是红色的。

　　如果我们在解释含量最高的射线的同时,还要解释发光体的整体能量分布,那么经典物理学将无法给予我们帮助。在经典物理学中,我们无法构造出一个能与测量数据相吻合的公式。根据 P.17 经典物理学的推导,结果值将会变成无穷大("紫外灾难"),这与事实不符。德国物理学家马克斯·普朗克提出了后来被称为普朗克辐射定律的假设,从本质上来说,该假设与经典物理学格格不入。这个假设的基本前提是,辐射并不是通过任意梯度来交换能量的。能量交换存在于离散的块状部分,他称之为"量子"。长期以来,普朗克都不相信自己的量子模型。事实上,他希望他的假设会被否定,从而能够验证经典物理学——然而这一希望从未实现。事实证明,量子的概念是必需的,这一观点是由当时并不出名的爱因斯坦提出的。他受普朗克的启发,于 1905 年发表了光量子假说,后于 1921 年获得了诺贝尔奖。光量子,即所谓的光子,也将在未来的量子技术中发挥决定性作用。普朗克最初只是假设原子间的能量交换是可以量子化的,而爱因斯坦把这个理论扩展到光。他认为,光也是由离散的能量量子组成的。该理论首次解释了光电效应。照相机和光电应用中的测光仪利用的正是光电效应。接着,爱因斯坦很快发现了他的新量子理论中存在的问题,著名的双缝干涉实验对这个问题进行了具体描述,我们稍后将在 3.1 节进行阐述。双缝干涉效应很容易通过光具有波的特性来进行解释,但

这一理论在解释光的粒子特性时出现了困难。根据爱因斯坦对光
电效应的解释，我们可以预测，对于非常弱的光，即单个光子，这种
干涉（光波的叠加）不会发生。然而，所有的实验结果恰恰相反，严
重超出了人类的想象力。如果假设单个光子本身是不可分的，那
它怎么能同时通过两个狭缝？这有违常理！类似的问题变得越来
越紧迫。接着物理学家维尔纳·海森伯（Werner Heisenberg）和埃
尔温·薛定谔（Erwin Schrödinger）通过数学公式提出了量子力
学，这就是我们所说的第一次量子革命。量子力学使我们能够理解
许多经典物理学无法解释的现象。量子力学首次解释了发光体的
辐射，以及原子光谱的量子转换（量子跃迁）。然而，最重要的是，
量子力学对原子和分子的现代理解催生出了量子化学和固态物理
学，后者为半导体技术提供了直接的基础。没有这些基础，将不会
有今天的现代计算机。除了上述的这些发展外，量子力学在医学
上也有重要应用（例如磁共振成像和正电子发射断层显像），当然，
还有预示着灯具革命的白色 LED 灯。可以说，量子技术早已进入
我们的日常生活。

　　尽管量子物理学取得了巨大的成就，但人们对它的印象却是
一个神秘的科学领域。量子物理学具有令人困惑的基本假设，挑
战着人类大脑的极限。人们之所以产生这种感觉，主要是由于无
法把量子物理学当成基础科学来接受，且试图用经典物理学的原
理来理解它的思想。量子物理学曾经是，且现在仍然是众多理论
和哲学探讨的主题，至今仍有争议。然而，许多物理学家遵循卡
尔·波佩尔（Karl Popper）爵士的实用主义观点，即使没有任何合
理的解释，但他们仍然支持量子力学的观点。实用主义者的格言
是"闭上嘴！计算就是了！"。这样做无可厚非，因为人们在量子力

学上持续取得了成功,目前还看不到尽头。在未来的几十年里,我们可能会揭开量子力学的新篇章。今天的许多科学家对"第二次量子革命"这种说法并不认同。俗话说,别轻易下定论。对此我们可以有其他更合适的说法,或许更恰当的说法是"量子优势"或"通过量子技术获得的优势"。尽管许多新的应用最终不会改变世界,但它们可能会大幅改进现有的技术解决方案。从中长期来看,量子物理学将对科研、商业和社会产生巨大的益处。除了量子技术的飞跃外,最大的益处将会是性能强大的量子计算机的发展,量子计算机无疑将会是量子技术的巅峰。

在防窃听的量子互联网中建立量子计算机网络,这一长期目标并不仅仅是为了向所有人展示量子计算机的潜力。类似一个超级计算机网络,量子互联网能把量子计算机的性能提高到未知的高度。当然,量子信息技术还处于起步阶段,全世界的科学家都致力于将这一设想变为现实。建设一个区域性的量子密码网络,最终发展到全球,将会是一个重要的里程碑。著名的奥地利量子物理学家雷纳·布拉特(Rainer Blatt)坚信:"量子密码将是第二次量子革命在经济方面的首个应用。"要实现这一目标,基础研究是必不可少的。近期,量子互联网发展中的里程碑事件证实了这一点。下一节,本书将用类似新闻的风格来进行叙述。

P.20

1.3　量子卫星

中国,戈壁滩,酒泉卫星发射中心。日期为当地时间 2016 年 8 月 16 日凌晨 1 时 40 分。

"……,3,2,1,……,点火!"沙漠在颤动。火箭的型号是"长征二号丁"，全长 40.611 米①。它被白色的烟雾包裹着，开始颤抖。许多人都在入迷地观看发射过程。一位科学家正怀着忐忑不安的心情观看着这一幕壮观景象：潘建伟院士，该项目的中国首席科学家。站在潘建伟院士身边的是一位身材高大的奥地利人。火箭尾焰发出的光反射在他的眼镜上，然后消失在他浓密的胡须丛中，使他看起来像一位哲学家。如果没有西服和领带的话，他大概就是我们想象中柏拉图或亚里士多德的样子。他就是著名的奥地利物理学家安东·蔡林格（Anton Zeilinger）。

"上天保佑，这个时候一定不能出任何问题！"两位科学家的想法是一致的。随着火箭的平稳上升，人们的紧张感逐渐减弱，内心慢慢恢复平静。接着，人群开始欢呼。

火箭不断上升，离地面越来越远。最后，它从人们的视线中消失，进入地球近地轨道。现在它已经不是火箭了，而是一颗重达 600 kg 的科研卫星，计划进行"太空量子实验"（quantum experiment at space scale，QUESS）。卫星将以大约 27000 km/h 绕地球高速运行至少两年。两位科学家希望他们计划的实验能够成功。他们并不担心量子物理的准确性，关于这一点他们很有把握。令 P.21 他们感到不安的是，这种高度复杂的技术能否按计划运行，不出现技术问题。显然，对卫星进行技术修正将会比较麻烦。两位科学家被记者重重包围，现在他们必须耐心地一遍又一遍地向记者重复他们的计划。

这项中奥两国的科研合作是如何开始的？毕竟，卫星在中国发射，奥地利和这个项目有什么关系呢？

---

① 原书似有误，已修改。——编者注

　　原因不止一个。首先，奥地利培养了许多重要的量子物理学家，首先是诺贝尔奖获得者埃尔温·薛定谔和沃尔夫冈·泡利（Wolfgang Pauli）。奥地利目前在该领域的研究状况令人印象十分深刻，拥有许多国际公认的研究机构。"量子之都"维也纳是奥地利开展量子研究的重要据点。这里特别值得一提的是蔡林格及其团队所取得的杰出成就。他的绰号是"光先生"，因为他首次实现了光的量子隐形传态，在世界上享有盛誉。这种科学方法听起来像科幻，即让信息在 A 地消失，在 B 地进行还原。潘建伟院士是量子卫星项目的科技总监，曾是蔡林格研究团队的成员（也是蔡林格的一名博士生）。这位才华横溢的梦想家曾获得著名的"未来科学大奖"。蔡林格的媒体曝光率也非常高，他是奥地利的经济引擎创新研究项目的领导者。奥地利位于欧洲中部，蔡林格原本想与欧洲航天局合作执行一个卫星项目，但没有成功。于是他选择与中国同仁开展合作。奥地利在该项目中的主要贡献是在维也纳和格拉茨安装了卫星地面站，对卫星传输的数据进行评估。这些卫星地面站实际上是天文观测站，例如，位于格拉茨的"卫星激光测距站"和位于维也纳量子光学与量子信息研究所楼顶的"海迪·拉马尔（Hedy Lamarr）量子通信望远镜"。欧洲航天局运营着若干个光学地面站，其中一个位于度假天堂特内里费岛。P.22

　　在记者的簇拥下，这两位著名科学家意识到采访的内容都是关于量子技术的科普。在某种程度上，他们对此感到高兴。当然，他们也确实想宣传一下项目的前景。此外，他们必须把技术问题讲得尽可能简单明了，这一点对于量子物理学来说并非易事。他们沉着冷静，眼里闪烁着光芒，坚信量子物理学是未来的科学，且这项科学与早已成为人类最重要生命线的互联网密切相关。两人尝试着尽量用简洁却不简单的方式来讲述量子物理学。下文可以看到他们到底讲了些什么，为什么这项技术如此具有革命性，以及这项技术了不起的地方在哪里。

太空量子实验是量子光学领域的一个国际研究项目。这颗卫星以中国古代哲学家墨子的名字来命名，称之为"墨子号"，中国科学院通过多个卫星地面站对其进行控制。维也纳大学和奥地利科学院是欧洲地面接收站的资助方。太空量子实验是一项所谓的概念验证项目，研究的是量子光学态进行远距离传输在科学技术上的可行性。具体来说，这里指的是内在的防窃听量子密码和量子隐形传态方面的进展。在量子密码中，绝对随机的量子密钥通过传统的加密方法生成，并在互联网上进行后续的数据传输。与此同时，量子隐形传态描述了使量子信息在位置 A 消失并在位置 B 进行 100% 精确还原的可能性，同样是完全防窃听的。在这两种技术中，量子纠缠是基础。该项目的一个重要目标是要证明量子纠缠可以实现比以前更远距离的传输，创造新的纪录。另一个目标是通过在数千米的距离上以传输纠缠量子对的方式，在卫星和地面站之间建立完全防窃听的量子信道。该项目实现的超远距离传输和安全级别都是绝对的创新。当然，我们不能把太空量子实验看成是未来实际的技术载体。就目前而言，太空量子实验的通信距离是有限的。在没有阳光的条件下，太空量子实验的功能原理取决于科学家所说的红外干扰。不过，如果实验成功，中国还将发射更多的"墨子号"卫星。该卫星可能将成为未来几年中国和欧洲进行安全通信的首个雏形。潘建伟院士预计，最早将在 2030 年建成第一个全球网络，其安全性会比目前的互联网有巨大的进步。

围绕着两位科学家的喧嚣逐渐消散。潘建伟院士仍被一群旁观者簇拥，人们把他称为"量子之父"。蔡林格终于有时间来摸摸他的胡子了，他走向他的同事。突然，一名德国记者挤到蔡林格面

P.23

P.24

前,开始向他提出问题。"嘿,我完全不懂! 普通人压根看不懂这个所谓的量子! 你没有更直接的解释吗? 为什么说这一切都是一场革命? 我们目前有无数种方法来保护互联网上的数据,IT 专家们也能够不断研发出许多新方法,我们到底需要量子技术来做什么? 也许你只是想出名?!"

下面我们用简单明了、普通人能够理解的方式对这一系列问题的关键之处进行解答。刚刚发射的卫星上面有一种特殊的激光器,有点像机关枪,一个接一个地连续发射单个子弹(见图 1.1)。这些"子弹"是光量子,也叫光子,是光的最小单位。激光器瞄准一种特殊的非线性晶体,生成蓝光。在目标位置,每个蓝色光子生成一对红外光子。这两个红外光子将以光速移动到地面站。令人吃惊的是,即使它们在空间上相距遥远,但每一对光子都是一个不可分割的整体。它们通过某种方式相互联系,就像有一条无形的纽带将它们连接在一起。尽管没有线缆,没有信号反应,两者之间什么都没有,但光子对还是通过某种物理特性紧密连接在一起。就是这样! 人们当时把这种看起来非常疯狂的现象称为"量子幽灵"①。然而,这种现象与巫术无关,它是自然界的基本性质,我们称之为量子纠缠。太空量子实验项目的主要任务就是证明这种"量子幽灵"在超远距离也能存在,或者可以通过技术维持这种现象。实验利用统计的方法进行验证。一旦这项工作有了足够的科学意义,我们就可以对创建量子密码的特殊密钥进行测试。例如,通过下面所述的方法来实现。

P.25

———————————

① 学术上把这种现象称为"鬼魅超距作用"。——编者注

图 1.1　太空量子实验

卫星生成的红外光子对通过某种特殊的物理特性纠缠在一起，它们像被施了魔法一样彼此相连。然而，有趣的是，我们仍然无法确定这些光子所携带的确切信息值。为了确定这些值，我们需要对光子进行测量。测量工作是在地面站完成的。接着，奇怪的事情又发生了。每次进行测量时，都会有一个确定值。然而，下一次测量的结果却仍然无法预测。所得的结果有时是相同的测量值，有时是不同的测量值。事实上，我们无法准确预测某次测量的值，结果是完全随机的，用术语描述这种现象则称之为"客观随机"。特别之处在于，世界上任何一台计算机都无法生成这种随机，因为它来自自然界本身。

P. 26
如果我们将任意测量值赋为数字 0 或 1，即一比特信息，那么量子密钥的基本思想就产生了。假设中国和奥地利想建立一条完全防窃听的数据线路。为了实现这一目标，我们可以将多颗卫星作为量子中继器，从而生成纠缠光子对。将光子对中的某一个光子发给中国，另一个发给奥地利。现在我们执行测量，测量结果完全随机，以 0 或 1 表示。接着进行下一次测量，依此类推。在实践中，我们能够在几秒钟内完成数百万次的测量，从而生成一个绝对随机的比特序列,将这个序列作为量子密钥。然后我们用普通的算法将这个序列进行加密编码,并通过普通的互联网进行发送。实现这项技术的关键在于,测量仪器经过设置后,由于特殊的量子纠缠连接,中国和奥地利总能在测量仪器中自动收到相同的密钥。这项技术完全终结了互联网上不安全的密钥分发,使量子技术向前迈进了一大步!

为什么说如果这项技术能在更大范围内有效实现的话,将会是防窃听数据传输的一种革命呢?一方面,密码破译者(实际上是超级计算机)无法通过算法来复制量子密钥,因为它是客观随机生成的,即来自自然界本身。那么唯一的办法就是筛选所有可能的比特序列的组合,但当采用足够长的密钥时,即使是超级计算机也需要超长的时间,无法预测。另一方面,每次生成的量子密钥都是高质量的原始密钥,与加密方法和个人可信度无关。令人震惊的是,由于量子的物理特性,任何窃听攻击都会被发现,而这一点在以往的技术中是无法实现的。因为黑客攻击会自动影响整个量子态,从而使生成的密钥序列不再是客观随机的。因此,我们总能够知道密钥分发是否百分之百安全。P.27

"好吧,教授!刚才我只是提个问题。"

尽管蔡林格不能确定他是否真的说服了那个偷偷溜走的德国记者,但另一个对该技术持怀疑态度的人听完之后似乎很满意。蔡林格终于有时间跟同事们聊聊天了。时任维也纳大学校长的海因茨·恩格尔(Heinz Engl)可不想错过机会,他要从头开始见证这一跨越式的创新研究。大家一起来杯香槟庆祝吧!

1.4 洲际量子通信

一年多之后,又到了开香槟庆祝的时候了,太空量子实验的进展比预期的更为成功。位于维也纳的奥地利科学院大礼堂挤满了观众。研究人员与记者们都在盯着两块巨大的屏幕,这里即将进行一项科学实验:世界上首次采用防窃听量子传输、跨越中国和欧洲的洲际量子安全视频会议。主持人蔡林格说:"这不是记者招待会,而是现场演示。"太空量子实验负责人潘建伟院士位于维也纳以东 7600 km 处的北京。太空量子实验于 2016 年 8 月启动,旨在对具有突破性的超远距离量子通信技术的可行性进行测试。蔡林格拿起一个小型的卫星模型,对即将进行的演示加以描述。"中国的五个地面站正在接收卫星数据。我们是第六个地面站。"这些地面站通过量子信道直接连接。每个人都在兴奋地等待,时间在一点一点地流逝。视频直播的另一端,时任中国科学院院长的白春礼正在沉着镇定地品着茶。

P.28

建立连接之前有一段等待时间,蔡林格开始讲述这个项目的起源。他批评了欧盟在科学资助方面的迟缓,并赞扬了中国的快速决策过程。如果他以前的博士生潘建伟院士没有邀请他参加这个项目,今天就没有机会在这里现场演示了。对于蔡林格来说,幸运的是,潘建伟院士保持了尊师重教的优良传统,他们之间形成的是一种亦师亦友的师生关系。几个月前,潘建伟院士完成了决定性的基础工作。早在 2017 年 6 月,潘建伟院士和他的团队利用"墨子号"量子科学实验卫星在国际上率先成功地实现了数千千米的星地双向量子纠缠分发。这是在空间量子物理研究方面取得的重大突破,是量子通信技术发展的重要里程碑。量子通信的双方能够在远距离进行绝对安全的量子密钥交换。一方面,完全随机的密钥生成保证了密钥的安全性。另一方面,任何窃听攻击都会自动影响量子的极度敏感的非定域连接,从而引起通信方的注意。这里的非定域连接,是指基于量子纠缠的连接,也被称为神秘的"鬼魅超距作用"。本次实验刷新了距离纪录。在此之前,量子通信仅在几百千米的距离下被证明是有效的。问题在于,无论在光纤电缆还是在大气环境中,光子总是会被原子散射,导致量子纠缠不断丢失。 P.29

此前的纪录是由鲁珀特·乌尔辛(Rupert Ursin)保持的。2007 年,乌尔辛成功地在两个度假岛——拉帕尔马岛和特内里费岛之间建立了一条长为 144 km 的量子纠缠连接,这几乎是用以往的方法可以达到的最大距离。因此,我们选择将卫星作为下一步的实验方案。在大气层的高层,光量子可以自由移动,不会受到空气原子的噪声影响。"墨子号"卫星的发射就是为了实现这个目标,高度为 500 km,略高于国际空间站的飞行轨道。由于近地的卫星通常具有最高的轨道速度,因此研究人员每次使用"墨子号"卫星的时间只有几分钟。然而,这短暂的几分钟足以对极其敏感的量子纠缠进行验证。如果某个地面站对光子的偏振进行了测量(光的偏振面,见 1.5 节),那么另一个纠缠量子的偏振是与测量结果相关的。通过使用统计评估方法,例如贝尔不等式(见 1.8 节),可以清晰地证明量子信道的存在。

为什么说研究人员的成就是开创性的?要通过简单的方式向非物理学专业人士解释这个问题,并不是一件容易的事。即使在受控的实验室条件下,这类实验也需要极高的精度。除了特殊的激光和量子模块外,卫星还配备了一个高精度光学系统,用于将纠缠光子以极高的精度发送到地面站。这项技术的实现十分困难, P.30

因为项目使用到的不仅仅是标准组件。为了使整个结构适合太空这个环境，必须对细节高度关注。宇宙射线可能会摧毁高度敏感的设备，此外，对于控制用于引导量子信号到空间站的光学系统，也需要比普通卫星更高的精度。通常，卫星的低精度可以通过更高的传输功率来进行补偿。然而，这种方法无法用于太空量子实验项目。只有当直径为 1.2～1.8 m 的接收镜分别检测到纠缠量子时，才能获得量子信号。卫星的速度超过 7.5 km/s，接收镜也确实非常小，并且需要不断进行调整。为了快速地传输控制信号，研究人员使用其他频率的激光束，以避免干扰到量子信号。因此，研制"墨子号"需要的是能够承受剧烈震动（例如，发射过程）和巨大温度变化的高精度光学器件，这对实验设备的设计提出了很高的要求。本书这里提到的困难只是冰山一角。因此，"墨子号"和地面站之间的配合如此完美，着实令人吃惊。无论如何，这项实验是量子技术发展的里程碑。到目前为止，中国已经在北京和上海之间搭建了一条长度约为 2000 km 的主干线路。然而，这条线路需要数十个中间站（所谓的量子中继器），因为如果没有量子中继器的话，光纤量子通信的有效距离只有大约 100 km。因此，量子安全链路会不时发生中断。此外，太空量子实验的技术是革命性的，是因为它在距离非常遥远的点之间直接搭建了一条量子信道。然而，这距离实际的应用还有一段漫长的路要走。由于这项实验会受到太阳光的影响，因此目前只能在夜间进行测量。但是即使是月光也会带来问题，研究人员只能通过一种复杂的时间模式的方法来解决这个问题。目前，真正的困难在于数据传输速率。尽管这种特殊激光器每秒能生成近 600 万个纠缠量子，但这仍然严重不足。即便如此，研究人员还是很乐观，计划在未来五年内将数据传输速率提高 1000 倍。

P. 31

　　这时,礼堂里一片寂静,激动人心的时刻到了。突然,一阵声音传来,北京的信号已经到达。"蔡林格教授,你能听到吗?"首届洲际量子安全视频会议正式开始,人们热烈鼓掌。随后,双方传输了两张完全使用量子密码加密的图像。奥地利发送的是诺贝尔奖得主埃尔温·薛定谔的照片。北京发送的则是卫星的守护神——哲学家墨子的肖像画。乌尔辛向记者们解释了这种新的传输技术的工作原理。地面站对卫星生成的纠缠光子进行测量,通过内在的量子随机性生成真正的随机数序列。随后,将生成的量子密钥用于一次一密的过程(见 2.6.1 节),而一次一密与量子技术相结合,可以使通过普通互联网进行的数据传输过程实现完全防窃听。需要指出的是,这种方法只有与量子技术相结合才有效。一方面,　P.32
这意味着我们不能通过互联网进行密钥分发。另一方面,只有当使用的密钥是绝对随机的,才能保证百分之百的安全。严格来说,常规 IT 技术是不满足这一条件的,因为传统计算机不能生成真正的随机数序列。然而,使用新的量子技术却可以。当然,"墨子号"仍不能建立一个超过 7600 km 的直接量子信道,目前最远纪录是 1203 km。因此,研究人员设计了一种混合系统:卫星向欧洲和中国都发送时移纠缠光子。位于格拉茨的天文台地面站对偏振为叠加态的光量子进行测量,生成一个完全随机的量子密钥,存储在"墨子号"上。接着,中国以同样方式生成第二个量子密钥。然后两个密钥在太空上进行数学组合,再传回奥地利和中国。两个地面站利用各自密钥和组合密钥(即私钥和公钥)生成一个共同的密码,用于加密解密。防窃听量子通信的特殊安全性是基于任何窃听攻击在生成私钥过程中都会干扰量子态,因此可以通过统计方法检测到。然而,由于数据的传输速率有限,生成的量子密钥仍然太短,无法绝对安全地对视频通话所需的数据量进行加密。因此,可能其中某个密钥用于数据的多个部分，并进行了多次交换，也就是说，通话还不是百分之百安全的。

　　尽管如此，蔡林格仍然很满意。他说："我们已经实现了比以往任何时候都具有更高级别的防窃听保护。"最后，他再次转向记者，说："你们在这里见证的是一个历史性时刻，也是未来迈向量子互联网的重要一步。"①

日本第一颗微型量子卫星

　　日本也迈出了开拓性的一步，然而采用的技术与中国和奥地利的太空量子实验完全不同。2017 年 7 月，重达 50 kg 的微型卫星"苏格拉底号"发射升空。该卫星是多用途的，也可以用于量子通信。卫星上装有一个重量不超过 6 kg 的微型发射器，可以朝两个不同的偏振方向发射单个光量子，作为 0/1 比特。然而，与中国的太空量子实验的方法不同的是，量子之间没有纠缠。位于东京都小金井市（东京以西）的地面站接收到从 600 km 高空发送来的 10 Mb/s 的信号，然后输入量子接收器进行解码，接着在量子密码协议中使用。由日本情报通信研究机构（National Institute for Information and Communication Technology，NICT）研发的这套系统表明，量子通信也可以在轻量级、低成本的微型卫星上实现。这可能会成为未来卫星地面网络的关键技术，长期目标是建立一个基于量子密码技术的全球高安全性网络。目前，研究人员正在对带宽最高的全球卫星通信网络进行深入研究。然而，为了实现这一目标，需要研发一种在很短时间内能够处理来自太空的大量信息的技术。由于目前使用的射频频段存在过载的风险，因此未来

---

① https://www.oeaw.ac.at/en

基于激光的数据传输技术可能是一个可行的解决方案。通过使用激光技术，卫星光通信能够在一个"固定"频段（由光的频率决定） P.34 上工作，并且可以安装在体积更小、质量更轻、性能更强的高效终端上。通过这种纯光通信，可以直接实现防窃听的量子加密①。

1.5　客观随机性

　　赌场里有句老话："最后，赢钱的总是庄家。"这个事实（资深赌徒对此太熟悉了）所反映的绝不是真正的随机性，而数学，更确切地说是概率统计，证明这句话是正确的。我们看一个例子。掷一个骰子若干次，记录得到数字 6 的次数。不断重复这个步骤，确保你的骰子质地均匀。现在，用你掷出数字 6 的次数除以你总掷骰的次数。你会发现，掷的次数越多，得到的结果越来越接近数值 1/6。这不是巧合，而是遵循一个基本的数学定律，叫作"大数定律"。对于大数定律来说，无论是连续掷出一个骰子多次，还是同时掷出多个骰子，都没有任何区别。起决定性作用的仅仅是事件"发生"的次数，这个数字理论上可以趋于无穷大。上述示例中获得的值 1/6 被称为事件的相对频数。事件发生的概率是指，当事件发生的次数趋于无穷大时，该事件相对频数所得的期望值。在上面的例子中，得到数字 6 的概率约为 16.67%。所有赌场和彩票 P.35 的运营方都会利用这一点，因为随着玩家数量和每位玩家参与次数的增加，他们可以更精确地计算利润。因此，彩票公司能够以相当高的准确率预测利润。在经济领域，银行和保险公司用这种方法的变体进行统计审核；民意调查机构也用这种方法进行选民倾

---

① https://www.nature.com/articles/nphoton.2017.107

向分析。具体方法是，取出一份样本，根据特定分布函数得出更大范围上的结论性结果，该结果可以反映给定特征的平均概率，包括统计验证的置信区间。

　　可见，通常情况下，可以通过计算概率来对随机性进行控制。但是真正的随机性会对骰子和彩票游戏（本身）产生影响吗？严格来说，情况并非如此，因为我们掷骰子时得到的数字，以及彩票机抽到的球，理论上都是可以预测的。骰子和球的实际结果是由所谓的初始条件或边界条件决定的，例如确切的位置、速度、空气阻力、角动量等。然而在实践中却无法进行精确计算，这是因为长期以来这些初始条件都是未知的。有人将其称为确定性混沌，在某些情况下，也可以称为混沌系统。混沌系统是由这样一个事实决定的：初始条件的微小差异也会导致完全不同的结果，并且从长远来看是不可预测的。也就是说，无论是天气，还是太阳系中行星的确切轨迹，我们都无法对它们进行长期预测。我们发现了这种现象的关键所在。这里的"随机性原理"并不是真正的随机性，而只是表面上的随机性。然而，事实上可能在物理学上存在一种解释，目前我们并不了解。从因果的层面来讲，混沌系统中应该存在因果关系。即使区分强因果关系和弱因果关系（相似的因会产生相似或完全不同的果），也不能排除混沌系统中存在因果关系的可能性。因此，随机性这一说法具有一定的局限性，可以看作是一种主观的随机性。随机性的假设是经典物理学的主要基础。在经典物理学中，真正的随机性并不存在。如果初始状态的所有参数都已知（完美、精确），我们就可能预测未来。这样就出现了一个人们普遍接受的经典观念，即所有的物理实体包括最小的粒子，都在永久性地相互作用。每一次作用都会引发一种可以预测的结果。我们把这种科学方法称为决定论。艾萨克·牛顿（Isaac Newton）首次实现了用数学的方法来表达严格的决定论观点。通过牛顿运动方程(作用力＝质量×加速度)，我们可以给每个运动过程建立一个微分方程，求解该方程可以得到一组与物体所有可能的运动状态相对应的集合。通过指定边界条件(如初始位置和初始速度)，可得一个具体的解，任何情况下都可以提前对自然运动过程进行预测。因此，我们获得了对自然的描述，得到物理过程中有完全确定的过去、现在和未来。

　　然而，与决定论观点形成鲜明对比的是量子力学的随机性观点。实际上，量子随机性是"真正的"随机。量子过程不是主观随机的，而是客观随机的。因此，这种随机性并非源自主观的认知局限性，而是由于不存在可以称之为"因"的初始条件。也就是说，不存在任何未知的解释。量子随机性是量子物理的一个基本性质，今天绝大多数物理学家都认同这个观点。因此，我们无法进一步证明量子力学过程中的个别巧合。蔡林格说，我们需要理解的是，为什么我们无法对其进行解释。举个例子，对于放射性物质的衰变，通常我们通过测定半衰期来对其进行描述，半衰期后，一半的初始原子核发生了衰变。然而，这是一个单纯的统计值，我们无法得知单个原子发生衰变的确切时间点。这样的事件是客观随机的。因此，某个特定原子核是否会在某个特定时间点上衰变，并不是预先由自然界确定的。它要么发生衰变，要么不发生。

　　再举个例子，一个光子穿过一个非常狭窄的缝，然后显示在观察屏幕上。出乎人们意料的是，光子并不是沿直线穿过狭缝的。它会以不同的概率显示在观察屏幕的不同点上。同理，人们能否在某一点检测到光子是客观随机的。在某些点上它可能更容易被检测到，而在其他点上被检测到的可能性不大。因此，在这种情况下，量子理论所描述的并不是事实，而是可能性。我们把所有这些

P.37

可能性的集合（即以一定概率测量到的事件）称为量子态。我们用所谓的波函数来对其进行数学描述。在进行测量之前，某个量子态的所有的可能性都以一种叠加的形式同时存在，只有通过测量才能从所有的可能性中产生事实。因此，在测量之前，粒子"存在"于测量概率不等于零的所有位置。人们有时把所有这些可能性的
P.38 叠加称为"概率波"（与波函数相关）。在进行测量之前，粒子不存在于空间和时间上的任何特定位置。人们把量子力学的这个根本性质称为量子的非定域性。

量子随机数生成器

　　一方面，量子力学的随机性这一特殊性质看起来似乎很奇怪；但另一方面，它是未来信息技术的前景和希望。生成"真正"的随机数十分重要，可以用于防窃听的量子通信，如太空量子实验所示。下面将介绍两个简化实验。

　　　　实验 1

　　一束激光进入分束器，然后由分束器后面的两个光子探测器进行测量（见图 1.2）。分束器是一种光学元件，它将入射光分成两束。50%的光强发生透射，另外 50%则以直角反射。光子探测器是一种高精度的光量计，它使用基于非常灵敏的光电二极管的复杂倍增技术来测量单光子。当激光器打开时，两个探测器的显示是相同的，这并不奇怪，因为进行了 50%的分束。但当我们用一个特殊的单光子激光器来替代传统的激光器（生成无数个光子的光）时，光子的探测就变得更加有趣，且与量子技术相关。这种单光子
P.39 激光器能够生成具有"最小光强"的光。就像原始的火枪一样，它只能一个接着一个地发射光子。这里需要注意的是，量子模型中

的亮度(光强)对应于光子数量。因此,光的基本单位就是 1 个光子。比这更少就是 0,即 1 个光子都没有,完全黑暗。经典物理学允许在 0 到 1 之间有无数的刻度,而量子物理学则遵循"自然界会跳跃"原则(马克斯·普朗克最初不相信这一点)。如果单光子激光将单个光子发送到分束器上,可以观察到两个探测器的显示是完全随机的,但绝不会同时显示。如果用二进制数 0 和 1 分别表示两个光子探测器,且将每次的测量值一个接着一个地排列在一起,则可以生成一个比特序列,如 0101011001…。现在重复实验,再次进行单次测量,得到的比特序列是 1100101011…,显然与第一次的实验结果不同。接着,用数十亿个的单光子进行测量。如果计算相对频数,即用得到的所有 0 或 1 的数量除以测量的总次数,那么每种情况下我们将得到 50% 的概率估计值。对每项实验进行若干次测量,这个概率都保持不变(假设测量的次数遵循大数定律)。

P.40

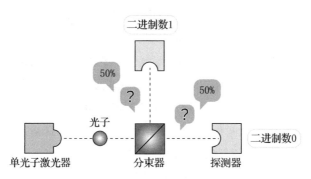

图 1.2 量子随机数生成器

说明

上述实验是一种量子随机数生成器。当单个光量子遇到分束器时,量子的客观随机性使我们无法预测它将被透射还是被反射(即测量值是 0 还是 1)。尽管总体统计数据每次都显示符合 50%

的分布,但单次的量子力学事件仍然是随机的,无法预测。在经典物理学或在"普通"激光器中之所以没有出现这种效应,是因为可见光是由具有天文数字个数的光子组成的。此外,每次只有一个探测器有显示,这表明光子是一个物理上不可分割的粒子。当然,这种说法本身并不能作为充分的科学证据。然而,光子是光(以及电磁频谱上所有的其他辐射)的不可分割的基本组成部分,这一点不仅符合爱因斯坦对光电效应的解释,而且也符合后期的物理学发现,如康普顿效应和无数的其他实验(包括位于日内瓦的欧洲核子研究中心的加速器中进行的一些实验)。

实验 2

　　在这个实验中,我们用一个特殊的所谓的偏振分束器来取代传统的分束器。与实验 1 不同的是,这里的分光比取决于入射光的偏振。关于这一点,我们需要简要说明一下经典物理学和量子力学中的光的偏振。英国理论物理学家詹姆斯·克拉克·麦克斯韦(James Clerk Maxwell)在经典物理学中将光描述为电磁波,海因里希·赫兹(Heinrich Hertz)通过实验成功地证明了这一点。如果我们仅考虑电场的偏振分量,会发现它可以描述不同的方向,这些方向可能随时间而改变。线偏振光是一种特殊情况,电场强度总在同一平面上振荡。从光的类粒子量子模型来看,这样的原理似乎很奇怪。它引出了一个难以理解的术语:量子的波粒二象性。我们稍后再讨论这个问题。

　　目前,我们只需接受一个事实,即粒子可以具有类似波的偏振特性。当单个光子进入偏振分束器时会发生什么?与普通的分束器相比,偏振分束器考虑了偏振的方向。假设偏振分束器允许水平偏振光沿传输方向通过,并且在其后面放置光子探测器"0"。而

P. 41

在反射方向只有垂直偏振光可以通过,在它后面放置探测器"1"。现在我们假设单光子激光器发出的光是线偏振的,那么可以得到三个实验结果:在水平偏振光的情况下,探测器 0 总是会有显示,即以 100% 的概率显示;在垂直偏振光的情况下,只有探测器 1 会有显示;如果入射光的偏振处于水平方向和垂直方向之间,如与分束器成 45°角,那么结果会有很大的不同。首先一个探测器会有显示,然后是另一个探测器也有显示,结果是客观随机的,从而形成一个量子随机数生成器(和实验 1 一样)。这种量子随机性也体现在其他角度,例如 30°或 60°,但总体统计数据不同,因此概率也不同(参考"马吕斯定律",见 2.6.3 节)。P.42

说明

显然,当使用偏振分束器时,实验 2 也可以作为量子随机数生成器(只要入射光既不是水平偏振也不是垂直偏振)。在这类情况下,光子的表现具有特殊的量子力学意义。光子通过分束器后,处于透射或反射两种可能性的叠加状态。抽象的"概率波"表示这种量子态,然而我们绝对不能把它理解为一个具体的空间扩展波。概率波仅仅用于计算事件可能发生的概率。同时,所有的可能性都包含在量子态中。而由于光子是不可分割的,一旦它被两个探测器中的某一个测量到,它就不会出现在另一个探测器上。因此,叠加必然会在测量的那一刻崩溃(因为它描述的是概率,经测量后另一个探测器的概率只能为 0)。根据量子力学的哥本哈根解释(以丹麦物理学家尼尔斯·玻尔(Niels Bohr)所在的哥本哈根大学命名),我们指的是"波函数坍缩"。叠加原理可能看起来有些令人不安,但它绝对不是过度想象的产物。事实证明,当在实验中移除探测器时,光线会在第二个分束器中重新会合。结果得到的是与原始偏振方向一致的光子。

1.6　量子纠缠

　　作为量子力学的核心要素，量子纠缠是物理学中最有趣的现象，也是未来量子互联网的基本元素。量子纠缠可使通信对象之间的量子密钥交换具有内在安全性，同时也为量子计算机的研发和网络化提供了重要的工具。

完美的相关性

　　在 1.5 节中我们看到，将单光子激光器、偏振分束器和光子探测器结合起来，就构成了一个量子随机数生成器。现在我们看看包含两个这样的随机数生成器的实验。我们特别使用了两个偏振分束器，它们在空间上的距离可以非常远。纠缠源位于正中间，它发射出一对光子，两个光子的方向相反，是偏振相关的。也就是说，在光的偏振的条件下，发射出的光子对在某种物理性质上有着非常密切的联系。我们通常把它称为偏振光子的"纠缠"。如果现在对某个分束器进行若干次测量，将会得到一个客观随机的二进制数序列，类似于 1.5 节中的两个实验。最令人惊讶的是，另一个分束器上进行的平行测量生成了完全相同的二进制序列！如果重新进行若干次测量，得到的比特序列将会是不同的，但第二个随机数生成器的测量结果与第一个随机数生成器得到的比特序列完全

相同。这种量子随机数生成器的相关性实验可以在任何序列中重现，且每次实验都得到了同样完美的相关性结果（排除测量错误的可能性）。

　　说明

　　考虑到二进制序列是客观随机的，因此量子纠缠系统的结果

十分不同寻常。测量完全随机地在两个随机数生成器中的某一个上进行,另一个随机数生成器得到的二进制数序列总与第一个的结果完全相同,这一点令人感到惊讶。这个实验清晰地证明,对纠缠粒子进行的测量在统计层面上不是独立的,而一定是强相关的。鉴于量子纠缠已经在距离超过 1200 km 的太空量子实验上得到了验证,所以这种说法是对人类思维的极大考验。即使我们将两个随机数生成器分别放置在距离 1200 km 的位置上,它们也仍然会出现与上述实验结果相同的、完美的相关结果。量子宇宙学认为,也许这个看似奇怪的现象在我们的整个宇宙中都是存在的,甚至可能是一个普遍规律。

负相关

　　上述的实验中出现了完美的相关性,即在测量过程中两个纠缠粒子的偏振完全相同。然而,负相关的纠缠系统也存在。例如,光子可以以这样一种方式进行纠缠:在对某个粒子进行测量产生垂直偏振,而对纠缠粒子进行平行测量产生水平偏振时,两个偏振面互成 90°。相应的实验如图 1.3 所示。

P. 45

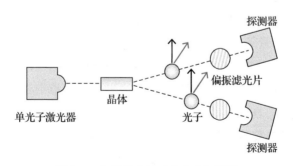

图 1.3　负相关光子对的生成与测量

单光子激光器瞄准一种特殊的晶体,生成一对纠缠光子。偏振滤光片作为分析器,用于测量生成光子的负相关结果。经过统计,只有当分析器的位置处于以下两种情况时,我们才可以百分之百地同时在两个探测器上探测到光子(即结果完全相反)。

1. 两个分析器的方向与生成粒子的偏振方向完全一致。

2. 两个分析器的位置互成90°。

光子的偏振方向是由客观随机性决定的。然而一旦确定了测量值,纠缠光子对中的另一个光子的测量值则是确定的。从某种意义上讲,量子物理学在这种情况下表现出确定性。尽管光子的测量值会受到客观随机性的影响,但另一个光子的测量值是确定的。但是我们无法通过经典物理学来解释量子纠缠现象,这一点从根本上将量子力学与经典物理学区别开来。此外,量子力学符合狭义相对论。由于狭义相对论的因果结构,人们同样认为它属于经典物理学。因此,可以得到关于量子互联网的安全性和传输速度的重要结论,我们将在后面进行详细讨论(见3.6节)。

再举一个负相关现象的例子——粒子自旋在量子力学领域的性质,即粒子自旋的量子力学性质。我们可以把自旋理解为粒子的一种内部旋转(产生角动量)。它存在于玻色子(如光子及其对应的圆偏振)和费米子(如电子和质子)中,但可以有不同的值。玻色子的自旋量子数总是一个整数(如光子的自旋量子数为1),而费米子的自旋量子数总是半整数(如电子的自旋量子数为1/2)。与许多物理量一样,我们也可以根据给定坐标轴指定自旋的方向。因此,电子的自旋可以指向正方向("自旋向上")或负方向("自旋向下"),即自旋量子数取值可以是$+1/2$或$-1/2$。这些数值表示量子的运动具有均衡性,因为自旋也是天然"量子化"的。此外,自旋过程中存在一种不确定性原理,该原理与海森伯不确定性原理相当,也就是说,我们无法同时在两个空间方向上测量到自旋的元素。在实验中,量子自旋也可以实现纠缠,表现出负相关。纠缠源(例如一个原子)发射两个 1/2 自旋的粒子,它们朝相反的方向运动。如果我们在一个粒子上测量到"自旋向上",那么另一个纠缠 P. 47 粒子的测量结果将自动是"自旋向下"。反之亦然,如果我们在一个粒子上测量到"自旋向下",那么另一个纠缠粒子的测量结果肯定是"自旋向上"。这种负相关在各个方向上都成立,如水平方向、垂直方向。因此,如果我们在一个粒子上测量到水平方向上的"自旋向右",那么另一个纠缠粒子的测量结果将是"自旋向左"。在其他空间方向上的测量也有同样的结果。例如,一个粒子的测量结果是"自旋向前",那么另一个纠缠粒子的测量结果将是"自旋向后"。如前文所述,具体的测量值总是会受到客观随机性的影响。

多粒子纠缠系统

纠缠通常表示两个密切相关的粒子的状态。我们可能会觉得这种状态仅限于成对的粒子,然而事实并非如此。GHZ 态(GHZ = Greenberger/Horne/Zeilinger)[①]的相关现象和实验证明,即使在空间上远离的若干个甚至大量的粒子也可以相互纠缠。考虑到量子信息技术的未来发展,复杂纠缠系统是一个重要的研究领域。经验告诉我们,随着复杂性的增加,条件的作用越来越大,但同时也使得处理变得越来越困难。一种可能的具体实现是允许大量的粒子相互作用,通过这种方式来生成复杂的纠缠态。这项研究的目标不仅是要对量子力学有深入的了解,而且要研究更进一步的基本问题。例如,技术上的重要问题是量子纠缠粒子能"储存"的 P. 48 信息量究竟是无限的,还是有一个基础极限。然而,实现多粒子纠

---

① 由格林伯格、霍恩和蔡林格提出的一种三体两态系统的纠缠态。——编者注

缠系统是一项非常困难的任务，给量子技术带来了巨大的挑战。事实证明，含有三个以上粒子的系统很难管理。目前的研究结果表明，量子技术发展正走在正确的道路上。在多粒子系统中，纠缠是由所谓的纠缠谱来定义的。因此，我们可以了解多粒子系统的重要性质，而使用传统计算机难以对其进行计算；也可以直接模拟纠缠算符，而不必通过量子模拟器来测量实现态的纠缠特性。这种方法有一个巨大的优势，即可以测量更大的量子系统的纠缠谱。如果使用传统计算机进行测量，将会非常困难，甚至无法实现。

量子力学的诠释

　　起初，一些研究人员将量子纠缠"贬低"为单纯的统计意义上的关联，后来爱因斯坦也嘲笑量子纠缠，称之为"鬼魅超距作用"，但事实证明纠缠是量子力学独具特色的重要因素。早在 1935 年前后，埃尔温·薛定谔就已经提出这一论断，"纠缠"一词也是由他提出的。纠缠系统的主要特点是各个组成部分都不是定域的，它们的"相互"条件分布在整个系统空间上。因此，只有在非定域理论的基础上才能正确地描述这种现象。量子力学根据叠加原理对纠缠进行了解释，应用该原理同样可以描述复杂系统的状态。只有当整体状态等于各状态的乘积时，子系统才是相互独立的。然而，一般来说子系统都不是独立的，它们纠缠在一起，所以我们只能用整个系统的单一状态来描述它们。换句话说，我们把纠缠态看作是一个抽象实体，它可以独立于空间和时间之外，理论上可以跨越任意距离（即不是定域的），且绝对无法追溯到各个子系统。只有通过非定域相关性，我们才能获得整个系统的量子力学完整描述。尽管主流科学采用这种解释，但即便在今天，仍有一些"不可救药的相对主义者"（引自鲁珀特·乌尔辛与本书作者的交谈）

P. 49

急切地寻求某种经典理论,有时甚至是一些令人震惊的解释。然而,自然界似乎印证了亚里士多德的名言:"整体大于其各部分之和。"

1.7　鬼魅超距作用

流行文学和媒体报道有时将纠缠称为"量子幽灵"。这个令人费解的词到底是怎么来的? 仅仅是新闻界的老生常谈吗? 答案是否定的。这个词的由来可以追溯到一个你一定熟悉的人:阿尔伯特·爱因斯坦。他和斯蒂芬·霍金(Stephen Hawking)可能是世界上最受欢迎的物理学家。

爱因斯坦,以其著名的相对论、和平主义信念而举世闻名,并且他滑稽古怪的外表也令人印象深刻,甚至有人曾说他长得像一只退休的牧羊犬。差生们偶尔会把爱因斯坦当成心理安慰,因为人们曾经反复(错误地)将他描绘成是一名差生。事实上,只有极少数天才才能发现自然规律。在理论物理领域,显然需要非凡的数学天赋和复杂的逻辑思维能力才能有所建树。科研天才的另一个独有的特征是对物理的强烈直觉,这种本能在爱因斯坦的身上体现得尤为强烈和丰富。

爱因斯坦(1879—1955)出生于德国乌尔姆市的一个犹太人家庭。人们对他的描述是一个聪明、偶尔调皮,但非常有才华的学生,他对自然科学具有浓厚的兴趣。他在瑞士苏黎世联邦理工学院学习期间,数学老师称他为"懒汉",因为他总是不来学校。后来,爱因斯坦在构思他的广义相对论时,经常对自己之前的这种学习态度感到后悔。作为一名理论物理学家,爱因斯坦自然对数学非常感兴趣,但他只是把数学当作是描述物理模型的辅助工具。

P.50

数学本身是一门高度抽象和奇特的学科,他当时对这种说法表示
严重怀疑(当然,数学本质上是非常抽象的)。后来爱因斯坦十分
感激数学家赫尔曼·闵可夫斯基(Hermann Minkowski)和他的朋
友马塞尔·格罗斯曼(Marcel Grossmann)的支持,因为这样他才
能够专注于重要的物理学基础研究工作。1905 年是爱因斯坦的传
奇之年。这一年,爱因斯坦提出了光量子假说和狭义相对论,这两
个理论在当时都绝对是革命性的创新。在布朗分子运动的基础
上,爱因斯坦还为原子的存在提供了证明(原子是否存在,在当时
仍有很大争议)。那个时候,爱因斯坦在科学领域还是一个无名小
卒,他在瑞士专利局做三级技术员,他花费了大量的时间用于申请
P.51　　大学助教的职位,但是没有成功。他在物理学方面的工作是如此
的超前和创新,以至于当时的人们根本无法理解。今天,他的成果
被誉为是 20 世纪最重要的发现,同哥白尼一样,从根本上改变了
我们看待世界的方式。1915 年,爱因斯坦的广义相对论及其著名
的空间弯曲理论(不久后就被实验证实)发表后,爱因斯坦所取得
的成果超越了国界,他成为了世界上最受欢迎的物理学家和标志
性的科学巨人。

　　1932 年爱因斯坦离开德国移居美国。他在美国普林斯顿高等
研究院获得了一个客座教授的职位,相继完成了许多作品,直到去
世。作为世界上最有影响力的思想家和一名和平主义者,他还担
任了政治和军事事务的顾问,并且受到重用。爱因斯坦与量子物
理的矛盾关系同样引人注目:一方面,他是重要的先驱者(即使不
是创造者);另一方面,他不接受量子物理的认识论结果。正因为
P.52　　如此,他的一位同事说,这位天才在晚年不断地挥霍他在理论物理
领域的"理论领导"角色。当人们公开赞颂这位极受欢迎的英雄
时,量子界却发现这位前冠军已经落后于时代。为什么爱因斯坦

如此不愿意接受量子理论的结果？

弹珠游戏

爱丽丝（Alice）和鲍勃（Bob）住在两个不同的地方。一天，他们决定玩一个特别的游戏。两个人互相给对方寄一个盒子，里面装着一定数量的红蓝弹珠。游戏规定两人必须同时打开盒子，且必须保证戴上眼罩。两人每次从盒子中取出一颗弹珠后，不得往盒子里看，盖上盒子，然后放在一边。每三天重复一次流程，持续了很长时间。随着时间的推移，爱丽丝和鲍勃发现了一个奇怪的现象，每一次他们取出的都是相同颜色的弹珠。当爱丽丝取出红色弹珠时，鲍勃取出的弹珠也是红色的。当爱丽丝取出蓝色弹珠时，鲍勃取出的弹珠也是蓝色的。然而，每次取出弹珠的颜色理应是随机的。爱丽丝和鲍勃很困惑，想知道是什么造成这种现象。

两个理论物理学家尼尔斯（Niels）和阿尔伯特（Albert），也在试图解释这一现象。尼尔斯说："我认为，即使两个盒子距离很远，但它们共同构成了一个不可分割的单元。弹珠的颜色无法确定，只有当爱丽丝和鲍勃取出来的时候才知道具体的颜色。然而不管是红色还是蓝色，都是完全随机的。阿尔伯特马上反驳说："这说不通！可能有几个原因，例如，邮局总是在盒子里放同样颜色的弹珠，或者有人在晚上对盒子动了手脚，还可能爱丽丝和鲍勃私下有串通，只是我们不知道而已。我认为，是我们的认知局限性使得球的颜色看起来是随机的。因此，概率假设都源于个人的认知局限性，而不是自然规律的结果。"

P. 53

他们的激烈争论持续了一段时间。过了一会儿，另一个理论物理学家约翰（John）也参与进来。约翰说他可以设计一个实验，能够清楚地证明两人中谁的观点是正确的。

约翰的神秘实验揭示了什么？当然，你可能会猜阿尔伯特是对的。尼尔斯的解释似乎有些牵强，与我们的日常经验截然不同。

事实上，"弹珠游戏"仅仅是对科学史上的一场著名辩论的描述，现在称之为爱因斯坦-波多尔斯基-罗森佯谬，简称 EPR 佯谬（Einstein-Podolsky-Rosen paradox，EPR paradox）。我们知道，今天所谓的纠缠粒子的相关性是基于非定域量子理论来解释的。正是这种非定域的理论，使人类的思维面临更为严峻的考验。人类的逻辑遵循因果法则，因此自然而然地会假定事件背后存在某种原因，这套法则牢牢地扎根于人类的认知当中。量子理论从一开始就出现了两个对立的学派。经典现实主义学派是由爱因斯坦领导的，成员包括埃尔温·薛定谔、路易·德布罗意（Louis de Broglie）、戴维·玻姆（David Bohm）和约翰·贝尔（John Bell）。对立的学派则以实证主义哲学为代表，由尼尔斯·玻尔、维尔纳·海森伯、保罗·狄拉克（Paul Dirac）和沃尔夫冈·泡利等人领导。而玻尔熟悉索伦·克尔恺郭尔（Sören Kierkegaard）的哲学和伊曼纽尔·康德（Immanuel Kant）关于"物自体"的研究。玻尔认为，我们无法对事物本身、事物是否存在进行描述。因此，我们的信息只涉及经验和感知、观察和测量。这也是玻尔在所谓的"量子力学的哥本哈根解释"中的观点。人们所了解的世界仅仅是能够观察到的事物。因此，物理学处理的是可观测量。一般而言，只有应用概率计算才能对事物做出可验证的描述。此外，用哲学家的话来说，爱因斯坦是"朴素实在论"的代表。他坚信即使没有去观察，事物也存在，且具有精确定义的属性。爱因斯坦拒绝接受量子随机性的原理，他说："上帝不会掷骰子！"他认为，现实是客观、完整和精确的。当玻尔提出互补性原理时，爱因斯坦却认为海森伯不确定性原理（即描述两种物理量的互补性，例如人们无法同时对位置和速度进行测量）仅仅是测量精度的不足。在 20 世纪 30 年代举办的几次会议，对量子物理学的新进展进行了介绍和讨论，包括上述的EPR 佯谬问题，而量子纠缠则使这些争议变得更加激烈。

我们再来看看量子纠缠，想想为什么这个问题会如此尖锐。举个例子，考虑一个类似于前文中的实验的负相关旋转系统。在粒子 A 处测量到自旋向上，不久在粒子 B 处测量到自旋向下。这个结果本身并不奇怪，因为测量结果可能在粒子生成过程中就已经是确定的。问题是粒子 A 的测量值是客观随机的，结果也可能是在粒子 A 处测量到自旋向下，而在粒子 B 处测量到自旋向上。这种自旋相关也可能存在于其他任何方向上。量子纠缠的特别之处在于，尽管粒子 A 的测量值是客观随机的，但粒子 B 的测量值却始终是可预测的，也就是说粒子 B 的测量值结果取决于粒子 A 的测量值。在现代实验中，测量 A 和 B 所需的时间可能比光从 A 运动到 B 的时间更短。对 A 和 B 的测量可以通过现代实验的方式来进行。从这个层面上说，A 和 B 会瞬间相互影响的说法是合理的。

P.55

现在我们站在爱因斯坦的古典实在论立场上，按照"实在论"的思路进行解释。基本存在两种可能：

1. 可能存在一种至今仍未被发现的机制，预先决定了纠缠粒子的特性，从而类似地产生了客观随机性，这与决定论的本质是一致的。牛顿成功地将决定论引入经典物理学。

2. 如果客观随机性确实是一种自然规律，那么纠缠粒子必然会以某种方式相互交流，即交换经典信息。纠缠粒子需要"知道"另一个粒子当前的测量值，这样才能"表现"出负相关的自旋。如果这两个粒子在空间上相距甚远，那么问题是这种信号的传输速度是多少，有极限吗？

早在人们完成相关实验之前，爱因斯坦就不断地展现出他对物理的直觉和天赋。例如，他不仅首先掌握了普朗克量子假说的基本含义，而且通过在理论上的思考，熟悉了量子纠缠的独特性质。尽管当时所有人都将量子纠缠看作是一种统计上的关联，但这位伟大的思想家已经清楚地认识到，量子纠缠是一种基本相关性的现象。虽然这位天才当时得出了错误的结论，掩盖了他的实际成就，但就通过物理学途径来解决这个问题而言（原本单纯是哲学问题），他已做出了决定性的贡献。在量子理论形成之初，爱因斯坦自然而然地会相信"常识"，并努力寻求对这个问题的解释，我们对此表示理解。关于量子纠缠，爱因斯坦遵循人类的直觉逻辑，不仅对不确定性原理提出质疑，认为它是测量精度的不足之处，而且对客观随机性也提出质疑。人们常常把这种思维模式与他著名的言论"上帝不会掷骰子！"这句话联系在一起。爱因斯坦认为，量子纠缠现象一定有其原因。物理学只是暂时还没有发现所谓的"隐变量"。他的思路如下：如果真的是完全随机性造成了粒子在测量时的特性，那么一个粒子必须向另一个粒子发送信息，以交换经典信息。如果两个粒子之间的距离非常远，那么这种经典信息的传递速度将会超过光速。当然，爱因斯坦发现这种说法显然与他自己的相对论相矛盾，相对论明确禁止超光速信息传输，这也与相对论的定域性原理相矛盾。他想，如果这样的事情发生，那么就出问题了。爱因斯坦把这种现象称为纠缠粒子之间的"鬼魅超距

作用"。当然,这是一种幽默的说法。我们可以将这个词看成是他　P. 57
对同行们提出的一个含蓄的请求,即进一步将量子力学发展成一
套完整理论。爱因斯坦认为,量子力学要么是非定域的,要么是不
完备的。由于他无法接受纠缠系统的非定域性,因此他推断,量子
力学是不完备的。

　　现在我们知道了"鬼魅超距作用"这个词的起源。后来,爱因
斯坦在讨论中加入了哲学论证。他对物理实体的真实性提出疑
问,专门寻找他称为"现实要素"的物理实体。如果物体只有在测
量时才成为现实,那么在测量之前它们就不存在。不管怎样,爱因
斯坦定义了一个名为"实在性元素"的物理量,在系统不受干扰时,
可以对它的值进行准确预测。在完整的理论中,每一个要素都必
须在物理现实中有其对应的事物。爱因斯坦认为量子理论确实是
令人信服的,毕竟他本人也参与了量子理论的发展。况且他也别
无选择,因为该理论与实验结果最为一致。他在认识论(也称本体
论)上遇到了巨大的困难,而他认为,认识论是任何物理学理论的
重要基础。有一次,他严厉地斥责年轻的海森伯说:"你,如果你认
为你能够发展出一套关于可观测量的理论,那你就大错特错了!"
爱因斯坦这句话的意思是,只有哲学理论才能决定可观测量是什
么。他认为,哲学理论的框架是定域实在论。

　　爱因斯坦争取到美国年轻物理学家鲍里斯・波多尔斯基
(Boris Podolsky)和内森・罗森(Nathan Rosen)的支持(也可能是
出于语言方面的原因),我们可以看出,定域实在论对爱因斯坦来
说有多重要。爱因斯坦、波多尔斯基和罗森于 1935 年在美国发表　P. 58
的一篇文章中提出了一个问题,量子力学是否是一套完备的理论。
虽然爱因斯坦并不十分喜欢这篇文章,但当他的《量子力学和实
在》(*Quantenmechanik und Wirklichkeit*)出版时,爱因斯坦激进地

用德语写道：

> 在物理学的框架下，对事物进行分类似乎也很重要。某些时候，当事物位于不同的空间区域时，这些事物彼此独立存在。根据我们的日常思维，如果不假设在空间距离上遥远的事物独立存在，那么将无法用我们所知的物理学来进行思考。（爱因斯坦1948）

这种在今天被称为定域实在论的观点，明显与量子理论中的非定域性观点相悖。因此，针对相关的工作，爱因斯坦、波多尔斯基和罗森三人制定了一套标准，用于实在性和定域性的简化表示。纠缠源发射出两个自旋量子数为1/2的纠缠粒子。他们三人认为，如果粒子之间的距离足够远，则可以在不影响第二个粒子的情况下对第一个粒子进行测量。由于它们不能相互影响，因此在粒子上测量到的所有可能的自旋量子数都应当是事先确定的。如前文所述，我们测量到一个粒子是自旋向上，另一个粒子是自旋向下。这种现象同样存在于空间的其他方向上，然而量子力学的不

P.59 确定性原理不允许同时对不同方向的自旋分量进行测量。三人认为，这里将出现矛盾，从而得出量子力学是不完备的结论。因此，他们认为需要用一套更基本的理论来取代量子力学，通过这套理论能够计算所有自旋分量，并同时确定位置和速度（使海森伯不确定性原理失效）。在爱因斯坦那个时代，现代实验物理还没有发展到能够得出定论的地步。于是，这位天才终日与丹麦物理学家玻尔在纯理论层面上进行无休止的讨论。在20世纪30年代著名的索尔维会议上，爱因斯坦不断尝试击败量子力学，而志趣相投的玻尔总能抵挡住爱因斯坦的智力攻势。一次，玻尔差点就要被爱因斯坦驳倒，但接着他抛出爱因斯坦的广义相对论，并最终用爱因斯坦的矛击败了爱因斯坦的盾。

1.8　贝尔定理

如前文所述,1935 年爱因斯坦、波多尔斯基和罗森在他们的研究中提出了量子力学是否是一套完备理论的问题,这个问题通常被称为 EPR 佯谬。它的核心是要求用隐变量理论来完善量子力学,否则量子纠缠就会显得自相矛盾。值得注意的是,爱因斯坦认为,类似"鬼魅超距作用"确实存在。对于精确的自然科学而言,这 P. 60确实是一个问题。然而只有把经典物理学的思维模式应用于量子力学时,才会出现佯谬,例如定域实在论。我们今天知道,隐变量的物理理论无法在所有的预测中对量子物理进行重构。所谓的贝尔定理非常重要,因为它证明了这个奇特的量子世界"真实"存在,而且对自然的描述具有根本的意义。贝尔定理完全是基于科学证据,这一点是证实这一发现的关键因素。然而一般读者可能会问,这种科学证据的证明是如何具体实现的。为了说明这一点,下面本书将简要介绍物理学研究的基本方法。

可证伪的假设

我们从一个简单的例子开始,这个例子很容易在家里进行重现。令一张纸和一枚硬币同时从同一高度下落至地面。你会发现硬币下落的速度更快。为什么? 我们基本可以联想出两个原因:

1. 硬币下落得更快是因为它更重,也就是说,它的质量更大。

2. 硬币下落得更快是因为纸张受到了更大的空气阻力,并且有一个力(摩擦力)在起作用,从而减缓了下落的速度。

现在我们提出了两个假设,可能是真的也可能是假的。此时已经满足了一个重要的科学步骤:提出可证伪的假设。

为了确定这两个假设中哪个是正确的，哪个是错误的，需要进
行一个合适的实验，以得出正确的结果。用牛顿的话说，实验是物
理学中"最高的评判者"。我们继续实验，把这张纸揉成一团，然后
再令两个物体从同一高度下落至地面。你会发现两个物体的下落
速度几乎相同。这样就自动证明了假设1是错误的，而假设2是正
确的。因为这是一个非常简单的逻辑，一方面，假设1认为重的物
体会以更快的速度下落，也就是说，硬币会比纸张更早到达地面，
纸张的质量并不会因为揉成一团而改变。实验结果与假设1相矛
盾，因此必须予以否定。另一方面，假设2得到了明确的证实，因
为空气阻力的减小也会使产生的摩擦力更小。因此，纸团会落得
更快。

基于这个实验，我们现在可以提出进一步的假设。如果自由
落体运动明显不取决于质量，而仅仅取决于空气阻力的话，那么真
空中的所有物体都会以相同的速度下落（因为真空中没有空气）。
为了通过实验来对这个假设进行检验，我们的实验设备需要更充
足一些。例如，我们取一根可抽空的长玻璃管，在里面放入一片羽
毛和一枚硬币。用一个相当有效的真空泵抽干玻璃管内的空气
后，我们可以很容易地看到，两个物体以同样的速度下落到地面
上。这是千真万确的，尽管羽毛的质量肯定比硬币的质量要小
得多。

总而言之，需要注意的是，生成科学证据的方法如下：

1. 提出可证伪的假设。

2. 通过可重复实验来对假设进行检验。

对提出的第一个假设进行检验可以得出结论，从而指引进一
步的实验。在科学研究的过程中，人们常常会遇到有趣的现象，这
时通常会用一个适当的假设来对这个现象进行解释。爱因斯坦的

P.61

P.62

光量子假说就是一个著名的例子。任何情况下,总存在一条普适的黄金法则,只有经过实验验证的假设,才有可能被人们认为是自然规律。简单地说,物理学总是遵循一个原则:结论必须有确凿的证据(人们建议政治家们也采用这一原则)。更复杂的贝尔定理也适用这两个步骤。首先提出适当的假设,然后通过实验加以检验。这种假设通常使用数学公式来表述。根据得到的等式,来预测被测量变量的具体值,然后将这些值与实验中获得的数据进行比较。只有用这种方法得到的结果才具有科学意义(即根据统计准则,偏差足够小),提出的假设才有可能被人们视为自然规律。然而,在EPR 佯谬的例子中,相应的数学标准直到 1964 年才得以发表(早期的实验结论不具有普遍性),这个标准就是我们今天所知的贝尔不等式。贝尔不等式是对 EPR 问题的定量表示,是量子理论的重要基础,由英年早逝的爱尔兰理论物理学家贝尔提出。

伯特曼(Bertlmann)博士的袜子

让我们回到弹珠游戏。还记得约翰吗?

约翰加入了尼尔斯和阿尔伯特的讨论,说他能够给出定论。

弹珠游戏中的约翰实际上是爱尔兰物理学家约翰·斯图尔特·贝尔(John Stewart Bell),索尔维会议的几十年后,他加入了这场讨论,并将 EPR 佯谬表述成一种定量形式。尽管贝尔出身贫寒,但他获得了实验物理和数学物理学位。最终,他被聘为日内瓦欧洲核子研究中心的粒子物理学家和场论家。他对量子理论的基本问题,特别是 EPR 佯谬非常感兴趣。贝尔曾经写过一个著名的故事("伯特曼博士的袜子"),在故事中他用幽默的方式对这个主题进行了总结,使普通大众很容易理解。故事以贝尔的朋友兼同事莱因霍尔德·伯特曼(Reinhold Bertlmann)为原型。

P.63

　　著名的维也纳量子物理学家莱因霍尔德·伯特曼有一个习惯，穿不同颜色的袜子。如果一只袜子是红色的，那么另一只可能是蓝色的。如果一只袜子是粉红色的，那么另一只可能是绿色的，等等。按照贝尔的说法，无论你何时遇到伯特曼，都可以确定他的袜子是"负相关"的，也就是说，如果一只袜子从伯特曼的裤腿下面露出来（不管是什么颜色），可以肯定的是他另一只袜子的颜色将会是不同的（见图 1.4）。让人不禁想起了纠缠粒子中的负相关，两者具有类似的特性。通过幽默的故事，贝尔简洁地总结了 EPR 佯谬的核心问题：两只袜子的颜色是由自然界规律（实在主义理论）决定的，还是只有对袜子进行测量（观察），才能通过客观随机性生成袜子的颜色？在伯特曼博士的这个例子中，我们可以假设实在主义理论成立（实际上，贝尔支持这个假设），即袜子的负相关现象有一定的原因。一方面，有可能伯特曼早上从他的抽屉里挑选了两只不同颜色的袜子，再把它们穿在脚上。另一方面，如果选袜子这件事真的符合量子理论，那么在进行观察之前，袜子的颜色是完全不确定的。

图 1.4　伯特曼博士的袜子

贝尔希望在两种主流观点之间做出一个科学合理的选择。

假设 1：爱因斯坦的定域实在论观点

许多未知的物理量预先决定了纠缠粒子的特性。不确定性原理和客观随机性假设完全是基于对这些变量的主观忽视。因此，它们不能被认为是自然规律。用爱因斯坦的话来说："上帝不会掷骰子！"因此，量子力学一定是不完备的，需要用一种隐变量的理论来进行补充。定域实在论使我们不得不假设纠缠粒子具有能够产生这种现象的独特属性。因此，测量值仅仅是属性的读数，该属性是由自然界预先决定的。 P.65

假设 2：玻尔的非定域性假设

虽然纠缠粒子在空间上是分离的，但它们形成了一个不可分割的整体。在对它们的属性进行测量之前，基本无法确定哪些属性将会在测量中出现。可以肯定的是，这些属性是相互关联的。测量的结果是客观随机的，也就是说，在测量之前，自然界不会决定粒子的性质，尤其是量子对象表现出的非定域特性。两个粒子（可能彼此相距甚远）会瞬时相互影响，这种相互影响的速度无法超过光速。这就是所谓的量子力学的哥本哈根解释的基本内容，目前仍有许多物理学家支持这种解释。

贝尔不等式

我们在这里不讨论贝尔不等式的复杂性，而是用通俗的语言来对贝尔不等式进行描述。感兴趣的读者可以阅读参考文献（Zeilinger，2005c），从而能够更深入地理解贝尔不等式。除此之外，还能得到许多衍生结果，例如更普遍、更容易验证的 CHSH 不等式[①]和具有教育价值的维格纳（Wigner）不等式（见 2.6.3 节）。 P.66

[①]　1969 年由约翰·克劳泽（John Clauser）、迈克尔·霍恩（Michael Horne）、阿布纳·希蒙里（Abner Shimony）和 R. A. 霍尔特（R. A. Holt）改进的贝尔不等式。——编者注

通过关联测量结果（如纠缠光子的偏振或纠缠电子的自旋）可以对
贝尔不等式进行验证。因此，我们测量了大量的不同纠缠粒子的
相关性（自旋或偏振方向），为随后的统计调查创造了条件。根据
大数定律，随着测量次数的增加，统计调查结果更具有代表性。接
着可以计算出对应的相对频数或概率，然后将其代入不等式中。
简单来说，贝尔不等式比较的是假设 1 发生的概率和假设 2 的期望
概率。这里的判断标准是假设 1 是否总能满足不等式。如果不等
式成立，那么定域实在论将得到证明，也就是说，爱因斯坦提出的
观点是对的。反之，如果不等式不成立（至少在某些情况下），那么
就否定了假设 1，肯定了假设 2。

贝尔实验

　　有趣的是，贝尔最初希望用这个以他的名字命名的不等式来
支持爱因斯坦的理论。由于 20 世纪 60 年代初，学术界不再对
EPR 问题有任何兴趣，并将其称作"过时的哲学争论"，因此贝尔的
这一成果就显得更加重要。现在形势发生了根本性逆转，目前的
量子研究中引用最多的文章就是有关 EPR 佯谬的论文。很多实
验物理学家希望对贝尔不等式进行检验，其中有一个法国人叫阿
兰·阿斯佩（Alain Aspect）。贝尔问他是否在大学里有永久职位，
阿斯佩回答说有，贝尔才接受与阿斯佩合作。1982 年，同事们的早
期测量完成后，阿斯佩成功地对贝尔不等式进行了更重要的科学
验证。在该验证和随后的一系列实验中，关键在于如何堵上任何
可能的"漏洞"。例如，一个测量点可能知道另一个测量点的测量
参数。因此，要保证这两个测量点在时间和空间上是分开的。这
样，即使信号以光速传播，一个测量点的方向结果不会影响到另一
个测量点。最后，实验中常见的测量误差也会引起漏洞。在计算

P.67

机和现代实验物理的帮助下,现在我们可以堵住一个又一个的
漏洞。

实验结果

　　实验结果经得起严格的审查,消息一经证实,立刻在量子物理
研究的专业领域引发了震动。尽管结果看起来不可思议,但却是
真实的。在所有的相关测量中,贝尔不等式都不成立,从而证明假
设 2——哥本哈根解释是正确的。不仅阿斯佩首创的短距离实验
得到了这个结果,而且蔡林格和乌尔辛的著名实验也得到这个结
果。例如,实验不但将量子信道建立在加那利群岛的拉帕尔马和
特内里费之间,而且建立在整个维也纳市的范围内,甚至多瑙河的
下水道里。通过这种方法,证明了贝尔不等式在 144 km 的距离上 P. 68
不成立。太空量子实验刷新了爱因斯坦所谓的"鬼魅超距作用"实
验的距离纪录(1203 km),1.4 节已进行了详细描述。"大贝尔实
验"(见下文)则创造了最长比特序列的纪录。

　　如前文所述,实验的关键在于堵住"漏洞"。空间上的分离(定
域性漏洞)已经在阿斯佩和韦斯(1998)的实验中得到证实,一种极
快的控制机制使得信息无法以光速进行传输[1]。2001 年,M. A. 罗
韦(M. A. Rowe)通过实验堵住了因计数率过低而造成的检测漏
洞。2015 年,对漏洞的广泛研究达到高潮。三个国家的三家不同
的研究机构,即荷兰代尔夫特理工大学、奥地利科学院和美国国家
标准与技术研究院,开展了一次联合实验,将定域性漏洞和检测漏
洞同时堵住了。"大贝尔实验"还排除了另一个漏洞。在这项典型
的量子实验中,随机数生成器经常在不同的测量参数之间进行切

---

[1]　https://arxiv.org/abs/quant-ph/9810080

换。理论上来说，这些随机数生成器的结果可能是由未知参数决
定的，也就是说，测量的参数不是完全自由和独立的。因此，实验
随机选择了超过 10 万人来生成 9000 多万个随机比特，用于全球
12 个研究所的 13 个不同的实验，将这些比特作为测量仪器的参
数。需要指出的是，严谨地讲，即使通过这样的实验，也不能科学
排除超确定系统这一极端情况（即一切都是严格预设的，不存在任
何自由意志）。

P.69　## 结论与意义

　　贝尔不等式的实验结果强有力地表明，必须否定假设 1，而肯
定假设 2。这一切都表明爱因斯坦提出的关于量子理论是不完备
的这一假设是错误的。哥本哈根解释不符合经典物理学的定域实
在论，尽管爱因斯坦已经正确地理解了这一点，但他认为量子理论
是不完备的这一假设是错误的，他所谓的能够再现所有测量相关
性的隐变量理论也站不住脚。这就是贝尔定理的精髓。如今大多
数物理学家都认为这个定理得到了证明。因此，定域实在论是无
效的，在定域性和实在性两者之间至少需要排除一个。如前文所
述，"实在性"即意味着假设测量仪器测量的是预先确定的值。"定
域性"则假设测量一个粒子导致另一个粒子状态受到影响的速度
不超过光速。上述说法理由充分，而实验是物理学中最高的评判
者，实验会说话。但请细细品味一下，这对认识论而言意味着什
么。薛定谔说过，"纠缠……如此疯狂，它可能迫使我们改变所钟
爱的、日常的世界观念"。蔡林格说过，"我们看待世界的方法有问
题，我们对时间和空间的理解是歪曲的。两个独立的地点或时间
点可能根本就无法是独立的。或者，我们对实在性的看法是错误
的。"哥本哈根解释认为，在任何情况下，只有通过观察（测量过

程），实在性才会显现。当然，贝尔是个"实在论者"。他无法相信
自己的不等式居然颠覆了实在论。"这太不可思议！"他不停地说　P. 70
着。然而，他对整个宇宙可能是非定域的这一观点持保留态度。

　　尽管存在着理解和哲学上的问题，但与量子通信相关的结论
是简单而深远的。量子力学"真的"存在，它绝不是一套可以用经
典物理学来解释的理论。因此，也可以说它是一套非经典理论。
相对论也属于这个范畴，由于其因果结构，相对论也被认为是经典
理论。然而，贝尔定理已证明量子物理学需要摒弃因果特性。可
以肯定的是，测量值的不确定性并不代表人们对其真实值的认知
局限性，而是由于对象本身（"先验"）是不确定的。波函数只能决
定测量值的概率，而无法确定每次测量时出现的具体结果。然而，
正是这种与人类思维背道而驰的理论，构成了假设 2 的基础。假
设 2 已经多次在实验中得到了证实，同时也验证了纠缠粒子之间
会瞬时相互影响这一事实。我们可以选择和爱因斯坦一起嘲笑这
个"量子幽灵"，也可以选择科学理论，将它视为自然的一个基本特
征。在经典理论中没有非定域特性的对应物，这种性质在纠缠现
象中表现得最为明显。然而归根结底，哲学上的问题是可解释性
（即知识）是否是人类的基本需求，这种需求显然在现代物理学面
前永远不会得到满足。如果答案是肯定的，那么所谓的"实在"是
什么？ 也许是知识（即信息）代表着实在性。物理学的许多迹象表　P. 71
明，在任何情况下，实在和信息的概念无法分开。尽管如此，贝尔
不等式及其推导对量子互联网的未来而言极为有用。因为它表示
的是一个统计标准，即量子信道是否完备（例如最大程度的纠缠），
或者是否存在技术缺陷或人为操纵。通过这种方式，任何对量子
密码加密后的数据进行的未授权拦截都会被直接检测出来。同
样，客观随机性是最基本的量子力学事件，这一点已得到确认。由

于随机性不会降到更低，因此量子密钥分发系统生成的随机数很可能是最好的随机数。纠缠态的技术应用是基础研究的重要方面，其重要性正与日俱增。

1.9　量子信息

在我们深入研究量子信息这个术语之前，我们需要先澄清什么是经典信息。统计学家约翰·图基（John Tukey）曾经举过一个例子。你在咖啡馆点单，有以下几种选择：热的或冷的，大杯或小杯，含或不含咖啡因，总共有 8 种可能的选择。现在，服务员想知道你具体点的是哪种组合，于是他问："您的咖啡是要热的吗？"你回答是或不是。"您是要一大杯咖啡吗？"你再次回答是或不是。"是否含咖啡因？"你继续回答。所以，用是/不是回答了三个问题后，得到了你的订单结果。因此，这份订单有 $2^3 = 8$ 种不同选择，信息值是 3 比特信息，可以用一个 3 位的二进制数表示。信息可以通过基于是/不是的二进制数来表示，这种简单的方法构成了今天的数字技术，尤其是信息技术的基础。经典信息的基本单位用比特来表示。比特包含两种选择（是或不是，真或假），用二进制数字 1 和 0 来表示。因此，对于有 2^N 种选择的问题，信息值是 N 比特信息。计算领域有一个常识，即 8 比特称为 1 字节，这样使用起来较为方便。因此，1 字节对应 8 个问题，可以生成 $2^8 = 256$ 种可能的答案或比特序列，也就是说需要 8 比特信息来表示 256 种可能性中的一种。

通过这种方法，任何类型的信息都可以"数字化"。只需要问足够多的问题，然后记录相应的是/不是（比特）。这些问题可以涉及任何方面，从图形文件中颜色的像素值到音乐流采样时的声压

级。通常,传感器对物理量进行测量(例如,电荷耦合器件(charge -
coupled device,CCD)芯片对图像亮度进行测量)。将得到的信息
传输成数字信号或模拟信号,接着用模数转换器将模拟信号转换
成数字信号。特别地,字母和数值可以用比特序列的形式来表示,
也可以用二进制进行计算。这种系统(二进制系统)可以追溯到
"最后的通才"戈特弗里德·W. 莱布尼茨(Gottfried W. Leibniz)。 P.73
今天,它形成了计算机中的基于逻辑运算(门)的数据处理基础。
然而,系统的内部编码取决于信息的类型及其使用。文件格式在
标准化中起到了重要作用。最终,我们可以把二进制值存储在内
存、数据库系统和文件系统中。

　　一般来说,数字化技术有许多优势,因为人们最多只需区分两
种信号状态(0 或 1)。这两种状态可以通过使用较低或较高的电
压值来以物理方式实现。另一个经济优势是数字化组件的兼容性
相当好,可以降低生产成本。数字化技术对传统的互联网也很有
帮助。在物理层面,互联网是一个复杂的网络系统,在计算机和移
动设备等信息处理系统之间相互交换信息。除了基于无线电的系
统外,世界各大洲之间还通过更大的网络结构连接在一起,主要使
用的是光纤电缆。选择光纤技术的原因有很多,首先是因为光纤
的传输容量巨大,而之所以有这种优势主要是由于光具有很高的
振荡频率。标准玻璃纤维通常用于通信用途,红外范围约为 10^{14}
Hz,这相当于每秒 10 万亿次的振荡。应该注意的是,光纤系统形
成了一种光密介质。光在通信玻璃纤维中的传播速度大约比真空
中低 1/3。这一点在技术上无关紧要,因为可以达到若干 TB 的传
输速率。当然,每根光纤都是如此。若干根玻璃纤维组合在一起
可以达到 1 Pb/s,甚至更高的传输速率。用形象的语言来说,比特
是用非常快的光脉冲的开/关来表示的。"高频技术"是我们为数

P.74　字化技术付出的代价，因为需要在单位时间内有非常高的比特率。因此，光具有高"负载频率"，是理想的物理载体。然而玻璃纤维中的光强会逐渐降低，也就是说每次最多经过 100 km，就需要重新进行测量、放大和转发，这里需要额外的技术支持。尽管基础设施在技术上比较复杂，但处理经典信息的基本思想很简单。这项技术已经变得无处不在，它引发了今天的数字化革命。

　　量子力学十分独特，它可以使处理经典信息的能力大幅提升。量子力学的一个显著特点是叠加原理，我们在前文已经介绍过。在 1.5 节的两个实验中，我们发现当光子通过偏振分束器（polarizing beamsplitter，PBS）时，它的偏振方向可能是水平的，也可能是垂直的。测量结果可能是"0"，也可能是"1"，对应经典信息的 1 比特。然而其本质是，在测量之前光子处于水平偏振和垂直偏振的叠加态，即同时为 0 和 1。这一点构成了一种新的信息——量子信息的基础！经典信息以比特为基本单位，因此我们将量子信息的基本单位定义为量子比特（qubit）。这是最简单的量子力学二态系统，测量时只可能出现两个值（本征值），写成 0 和 1。显然，核心问题在于一个量子比特能够存储和传输多少信息。这一问题尚未得到最终解决，仍然是当前研究的主题。然而我们有理由假设，一个

P.75　量子比特可以包含无限量的经典信息。为了说明这一点，我们再看看前文的一个例子（1.5 节中的实验 2）。进入偏振分束器的光的偏振一般是线性的、右旋的、左旋的或椭圆的。也就是说，光波的电场强度矢量可能在平面上保持恒定，也可能形成与传播方向成直角的圆或椭圆。可以看出，场强矢量总是由水平偏振光和垂直偏振光（即 0 和 1）叠加组成。因此，它表示这两种基本态的叠加。从理论上讲，光有无限多种可能的偏振方向。因此，需要通过无限量的经典信息来描述所有的可能性。为了表示光子的状态，

一个经典比特(0 或 1)肯定是不够的。0 和 1 形成的一种叠加(线性组合),是量子比特的本质特征。

量子理论的奇妙之处在于,叠加原理可以推广到任意基本态的线性组合。我们可以让任意多个量子比特相互叠加。2 个量子比特叠加生成 4 种基本态(00、11、01、10),3 个量子比特叠加生成 8 种基本态,4 个量子比特叠加生成 16 种基本态,依此类推。由于基本态的数量随着量子比特数的增加而迅速增加(呈指数级增长),因此通过这种方法存储的信息量比任何已知的超级计算机都大得多(50 个量子比特就足够了),这也是量子计算机革命性的基本思想。例如,所谓的单向量子计算机(见 2.5.4 节),其原理是将一个P. 76问题的所有可能的解同时映射成一种非常复杂的量子态,然后尝试通过一系列巧妙的测量来读出量子态中所包含的解。

纠缠现象能够深度支持量子计算机的功能。爱因斯坦在嘲笑量子纠缠时,给它起了一个别名——鬼魅超距作用。量子理论不仅可以用于研发新的纠错和冗余方法(与传统的方法有很大的不同),而且还可以生成全新的量子态,这些量子态无法通过各子态来组成。除了单向量子计算机外,对那些类似传统计算机、基于电路模型(使用量子门)的计算机来说,量子理论也尤为重要。一方面,传统计算机通过逻辑电路(门)来控制比特,从而进行信息处理。例如,非门将比特序列 01001 转换成序列 10110,本质上是通过一次操作将整个二进制序列进行反转。另一方面,量子计算机可以使用 N 个量子比特来一次进行 2^N 个门操作。当 $N=2,3,4,5,\cdots$ 时,则对应一次进行 $4,8,16,32,\cdots$ 个门操作。"指数效应"显然可以使量子计算机的速度比传统计算机要快得多。我们不难想象,一台可扩展的量子计算机(可扩展到任意数量的量子比特)理论上可以提供无限量的计算能力。

熵、信息与量子计算机

　　由上文可知，量子信息可以大幅提高计算速度。然而在现代物理学中，信息是一个更深层次的概念，对于量子理论来说尤其如此。

P. 77　　自然界中往往存在不可逆的、只朝一个方向运动的过程。以一杯热咖啡为例，咖啡会逐渐冷却，直到与周围环境达到温度均衡。当咖啡变冷时，杯子变热了；而杯子也可能掉到地上，变成一堆破碎的瓷片。这两个过程的共同点是你永远不会观察到相反的过程。咖啡永远不会自己变热，碎片也不会跳起来恢复成原来的杯子。我们把这种物理过程称为不可逆过程，并用一个叫作熵的量来对不可逆性进行描述。熵的概念是由鲁道夫·克劳修斯（Rudolf Clausius）在 1865 年左右提出的，他提出熵是因为通过能量守恒原理本身无法决定一个过程是可逆的还是不可逆的。与所有的物理值一样，我们可以给熵赋予一个数值和一个单位（J/K）。然而，在现实中重要的不是熵的确切值，而是熵的相对变化。不可逆过程中的这种变化总是正的，也就是说，熵越来越大，直至达到最终的平衡状态。该原理在 19 世纪非常重要，因为它使人们认识到，热力发动机中的热量永远不能完全转化为机械功。这类机器永远无法以 100% 的效率运转，现实中汽车的柴油发动机最多可以达到 50% 多一点的效率，并且这还是在使用最现代的传感器和电子设备的前提下。

　　不过，当时人们还不清楚熵到底是什么。熵通常也被理解为衡量系统有序性或无序性的一种方法，但这种理解与这个术语并不相符。当克劳修斯隐晦地谈及"转换值"时，奥地利物理学家路
P. 78德维希·玻尔兹曼（Ludwig Boltzmann）希望能够理解其真正的含

义。玻尔兹曼所做的是熵的微观方面的研究。他使用了一些诸如系综、微观态和宏观态的术语,他的研究成果已经成为今天的一种常识:熵与概率、信息有关。

举一个人们经常讨论的例子。假设我们用隔板将一个容器从中间隔开,左边的空间充满了气体,右边的空间是真空。如果去除隔板,会发生什么? 当然,气体将会立即散开,填满整个容器。气体原子或分子将不再停留在左边,现在平均有 50% 的粒子会在右边。我们现在想知道某个粒子是在左边还是在右边,可能会问:"粒子,你在左边吗? 答案为"是"或"不是"。如前文所述,这对应于 1 比特的信息值。接着我们又问另一个粒子,同样会收到 1 比特的信息值,依此类推。对于 N 个原子或分子,我们需要问 N 次问题(现实中的这个 N 值大得难以想象)。熵的定义很简单,它与问题的数量有关。因此,它本质上是指比特数量。在初始状态下,容器中所有粒子都处于左边,熵在逻辑上是 0(因为我们无需问任何问题)。但是如果我们需要求出最终状态的熵时,比特数量将会非常大(因为大量的粒子也可能在右边)。因此,熵急剧增加,变成一个很大的正数值,同时熵也描述了气体扩散的趋势。当然,这是一个不可逆过程,因为没有外部影响时气体不会自动聚集到容器的左侧,而气体处于高熵状态的概率一定比处于初始状态的概率大得多。在玻尔兹曼所处的时代,"比特"一词还不存在。因此,玻尔兹曼研究单个粒子的不同状态,并将结果与熵直接联系起来。如果这些"微观态"(与以体积或温度等为特征量的"宏观态"相对应)大量存在,那么熵也就非常大,否则熵就很低。因此,熵 S 既是对状态信息的度量,也是对概率 W 的度量。维也纳中央公墓里的路德维希·玻尔兹曼的墓碑上刻着描述这种联系的著名公式:$S = k \cdot \log W$,其中 k 是玻尔兹曼常数。公式中的对数(log)源于 N 比

P.79

特信息对应的 2^N 个问题。如果我们需要求出指数 N，那么就要用它的反函数，也就是对数。

　　那么熵（即信息）和量子物理有什么关系？请记住，量子理论始于 1900 年马克斯·普朗克的量子假说。普朗克实际上是被迫提出该假说的，他非常不情愿这样做，他说这是"绝望的做法"。然而，是什么让普朗克陷入如此绝望呢？一个主要的原因是，最初普朗克的观点强烈反对统计物理学，因此也与玻尔兹曼的开创性发现背道而驰。当普朗克放弃这一观点，像玻尔兹曼一样采用统计方法时，他才最终成功地推导出以他的名字命名的普朗克辐射定律。为了实现这个目标，普朗克需要学会如何"计数"，即如何将自然界划分为不连续的状态。最终，他提出了能量是不连续的这一假设。这正是量子理论定义的要素，与经典物理理论（假设能量值在任意处都是连续的）形成鲜明对比。

　　另一个著名的例子是爱因斯坦的光量子假说。有趣的是，这个假说的主要灵感来自于他对气体的熵与光的熵进行的比较。他发现了惊人的相似性，最终提出了粒子状光子这一假设。以上几个历史典故说明了信息和量子物理之间的密切关系。麻省理工学院（MIT）著名的美国物理学家和计算机科学家塞思·劳埃德（Seth Lloyd）给出的结论是："所有的物理对象都可以通过编码成为一组有限的比特，这是由自然规律决定的。"如果确实如此，那么量子计算机的潜力将非常大。今天，首次量子模拟已经可以用于模拟原子和分子的复杂结构。之所以开展这些研究最重要的原因在于，对于传统计算机来说，这类任务通常是非常困难的或者无法实现。由于量子计算机是基于量子信息来工作的，所以可以想象的是，给定一组有限的量子比特，我们甚至可以实现对更加复杂结构的模拟。举个例子，一台 100 量子比特的计算机可以支持全新的物质和材料研发。从广义上讲,我们甚至可以提出"可编程物质"。这种关于量子计算所代表的实际技术意义的观点,几乎完全符合诺贝尔奖得主理查德·费曼(Richard Feynman)提出的原则。　P.81
许多美国的研究人员都受到了量子理论的启发,著名的计算机和软件公司也都正在致力于量子计算机的研发。无论如何,信息和量子物理学的相互关系蕴含着人类无限的技术潜能。

第 2 章

量子互联网

P. 83 我认为,新的量子技术将改变本世纪的科学和商业。我们才刚刚开始了解这项新兴技术的无限可能。

雷纳·布拉特(Rainer Blatt)

2.1 技术原理

量子网络(也叫量子互联网)是指通过量子信道将量子信息媒介进行联网所形成的网络。人们通常把量子理解为物理对象,这种物理对象能将其状态转化为具有离散物理值的系统。"量子"一词通常作为极小的计量单位,例如最少的光量子(光子)或最少的P. 84 能量(能量量子)。一般来说,这一术语与粒子的特性有关,但这只是"量子"含义的一个方面。人们偶尔会非正式地将"原子"称为"量子",事实上,这不够准确,"量子"并不是一个物理术语。在信息论中,"量子"是指"量子比特",也称作"量子信息"。"量子比特"与早期计算机的"经典比特"相对应,"量子比特"不但定义了最少的存储量,而且定义了量子信息"传输"的单位。目前的信息技术基本没有利用量子效应。此外,从"比特"到"量子比特"的跨越,为我们开辟了全新的视角。一种可能的未来应用是量子密码,它能够生成绝对安全的量子密钥,使用传统的方法、通过传统的互联网实现信息的加密传输。另一种潜在的未来应用是令人神往且技术上可行的量子计算机网络。

互联网与量子互联网

　　当今的互联网是一个复杂的计算机网络,数据以经典信息单元(比特)的形式进行传输。总体而言,这些比特经常会遭受窃听及黑客攻击。数据安全取决于当前的计算机性能和用户的可信度。根据物理定律,预计再过几年,我们将达到现有计算机芯片的设计和性能极限。

　　量子互联网本质上是量子节点所构成的系统,它创建了一条连续的量子信道,直达各个端节点。高级阶段的量子互联网是一个量子计算机网络系统,通过隐形传态来进行量子比特交换。量子互联网无疑是一种革命性技术,其原因主要包括以下方面:首先,我们有可能实现超光速的量子比特同步;其次,量子信息本质上具有防窃听特性,根据物理定律,它能对黑客攻击免疫;再次,量子比特能够存储和传输的信息量比经典比特要多得多;最后,即使是超级计算机都无法解决的问题,量子计算机却有可能计算出答案。

P. 85

通过隐形传态进行量子传输

　　量子互联网的物理载体与传统互联网具有本质区别,其原因

在于量子互联网的一些新特性。传统互联网主要使用光纤技术，
该技术的要义是将信息编码成调制电磁波（红外辐射）。这些波与
大量光子的周期性变化强度相对应。测量光子的相对变化，按照
单位时间内通过的光子的绝对数量来表示信息。而量子通信利用
的是单个光子自身的"内部"特性，这种特性能大幅提高现有光纤
网络的传输效率。"量子纠缠"现象在这里就尤为重要。如果有人
改变了位置 A 的系统量子态，那么位置 B 的纠缠系统的状态也会
瞬间改变（超光速）。虽然在测量之前，状态的确切特征尚未确定，
但它与 A 处的测量值的纠缠关系是确定的。量子互联网的一个基
本特征是信息的传输无法通过传统中继器（信号测量、放大和传
输）来进行，我们需要将全部量子信息从发送方传输到接收方。这
一过程称为"量子隐形传态"。因此，纠缠可被理解为一种必要的
P.86 资源。然而，如果有人认为"传输"就像《星际迷航》里的传送一样
就大错特错了。传输的对象并不是物质，甚至也不是电场，而是纯
信息。量子隐形传态指的是量子纠缠系统的状态变化的即时传
输。因此，除了量子信道外，还需要建立一条经典信道。

量子隐形传态发生的速度比光速快，这似乎与爱因斯坦的相
对论相矛盾，相对论里明确否定了任何可用信息的瞬时传输。然
而，重点在于形容词"可用"，即信息是否真的对我们有用。虽然纯
量子传输确实比光速要快，并且因此具备一系列优点，但如果没有
经典信道（如传统的互联网）支持，就无法还原这些数据信息。在
经典信道中，任何信息传输速度的上限都是真空中的光速。因此，
上述说法符合爱因斯坦的相对论。经典信道是量子信息技术不可
或缺的前提条件。所以说，传统互联网永远不会被量子网络完全
取代。随着量子技术的发展，传统互联网技术将继续在通信技术
中发挥重要作用，当今在传统通信行业工作的许多优秀的 IT 从业

者的职业发展也并不会受到较大的冲击影响。无论如何,量子互联网不会削减就业机会。相反,一些全新的职业将会应运而生。

内在安全性

与量子力学密切相关的另一个显著特征是"内在安全性",它是量子互联网的一个关键要素。根据"不可克隆定理",量子态的 P.87 完全复制不可实现。其重点在于"完全"二字,因此也无法对原始的或任意数量的量子比特进行复制(见第 3.6 节)。数据的内在安全性这一特殊秘密来源于物理定律。若要成功实施窃听攻击,窃听者的信息必定独立于发送方的信息而存在,这意味着信息的传输量至少会翻倍。然而窃听者无法对量子比特进行复制,因此无法实现对信息的拦截。量子比特的复制显然违背了爱因斯坦的相对论。因为量子比特通过隐形传态进行瞬时传输,相当于超光速的信息传输,而相对论已经被人们证明了数百万次,完全排除了这种可能性。如 3.6 节所示,不可克隆定理也符合狭义相对论。正是由于这个定理,量子系统对外界的影响非常敏感,极容易崩溃。因此,传统的黑客攻击无法发挥作用,穿透防火墙、上传木马、传播病毒等黑客攻击手段,在量子计算机面前都是徒劳的!

量子中继器

正因为如此,不可克隆定理对量子网络的发展提出了真正的挑战。对量子信息学而言,不可克隆定理具有深远的影响。例如,我们无法使用传统的纠错系统,更重要的是也无法使用传统的中继器。因此,我们需要研发出特殊的量子中继器系统。一般来说,量子网络需要两种类型的量子比特:一种是所谓的"静态量子比特"(例如,量子存储系统);另一种是将量子信息传输到其他节点 P.88

的"移动量子比特"。为了有效实施隐形传态,必须使所有的量子比特都处于叠加态,无论是处于静止还是在移动中的。也就是说,它们被压缩成一个与自身相连的单个量子体,就像被施了魔法一样。这里的基本问题是远距离纠缠系统是如何产生的,这一切脱离了量子互联网是无法实现的。为了达到这一目标,需要对现有的光纤网络进行大幅改进,为光纤网络配备大量的量子中继器节点。这种方法能够使许多较小的子系统的量子纠缠实现远距离扩展。然而,由于量子态的敏感性(不可克隆定理),尽管研究人员已经在实验室条件下证实了该基本原理,但在技术实现上仍然极其困难。

可扩展网络

研发人员的工作列表中有许多关于网络扩展的项目。这些项目的目标是在国际上制定可持续发展的统一标准和协议,尤其是研发合适的中继器系统。

因此,我们需要在相关中继器结构的基础上设计出一些用以满足以下要求的基本模块:高精确度的量子态存储(输入和输出态之间一致)、纠缠态的净化(纠缠蒸馏,见第2.8节)、量子逻辑门的实现、移动和静态量子比特之间的转换,以及适合用于量子信息传输的通信协议和可寻址量子寄存器等。为了实现这些组件,研究人员采用了各种方法,并对所有方法进行科学研究。迄今为止,除了光子、离子和超冷原子气体外,最具潜力的物理载体包括半导体、超导体结构、量子点及混合系统。研究人员特别关注石墨烯等新材料的应用,以及具有良好相干性的类金刚石晶体结构中的色心。下文将对更多细节进行描述。总体而言,量子网络的发展与量子计算机的实现密切相关,而后者将是一项更严峻的技术挑战。

2.2　网络拓扑

无论当今的互联网世界有多么令人眼花缭乱，它也是建立在复杂网络系统的基础之上的，这些系统在全球不同的节点之间传输着数字信息。按等级划分，供应商、公司和科研网络都通过主干网（主要使用光纤）连接到全球网络上。而研发适合量子互联网的技术面临着巨大的挑战。一种前景较好的思路是利用量子存储器组成的网络系统。在这些固定的网络节点之间，通过移动量子比特（主要是光子）来实现量子信息的远距离可逆交换。

量子互联网的基本结构与传统网络类似（见图 2.1），实际操作是在所谓的端节点执行的。这一系统通过量子纠缠相互连接在一起。在最简单的情况下，端节点由单个量子比特构成，随着量子比特数量的增加，它逐渐成为一个强大的量子计算机。端节点是更直接的应用，如量子密钥分发技术，会配备相对简单的设备。然而有些协议需要运行在更复杂的节点上，这些系统可以提高处理器的运算性能，也可以作为量子存储器来使用，还可以进行量子逻辑运算。为了将量子信息从一个节点传输到另一个节点，需要搭建特殊的通信线路，即所谓的"量子信道"。当然，这方面的发展趋势是尽可能地与现有的光纤相兼容，连接的质量通常需要满足量子密钥分发操作的要求。为了保证有效的通信，需要有路由器和交换机，跟传统互联网一样用于将量子比特交换到目标端节点。然而交换机需要在一段时间内（通常转瞬即逝）保证量子相干性，这使得量子互联网的技术实现比现在的标准设备要困难得多。

P.90

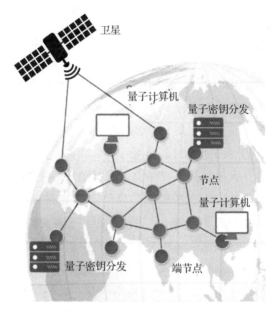

图 2.1　量子互联网拓扑,该网络的特点是可生成
端到端连续量子信道的量子节点系统

P.91　　　　开放空间网络的运行方式与光纤网络类似。然而在发射器和接收器之间有一条直接瞄准线(自由光路径),通常是直接激光连接。最近的太空量子实验表明,还可以使用量子卫星,通过量子信道在太空中进行通信。最重要的是,这类卫星能够在更远距离上生成直接量子纠缠,而不需要量子中继器。未来,量子卫星还可能在远距离连接较小的地面网络方面发挥重要作用。在全球分布的卫星系统和相关配套保障的基础上,我们也可以想象一下全球网络互联场景。从纯理论上讲,量子卫星可以在短期内作为量子中继器。

　　　　这样的网络既可被设计成用于计算的量子网络,也可被设计

成用于通信的量子网络。当被设计成用于计算的量子网络时,我
们可以将不同的量子计算机连接起来形成一个量子计算机集群,
称之为网络量子计算或分布式量子计算。在这种情况下,可将功
能较弱的量子计算机连接在一起,以形成一台性能更强大的量子
计算机,这类似于将传统的计算机互联形成集群。人们通常认为
网络量子计算是实现可扩展量子计算机的一种可能途径,因为在
理论上,互联量子计算机数量的增加将能够提高计算能力。在早
期的网络量子计算中,各个计算机之间的距离通常很近。

　　此外,用于通信的量子网络能够将量子比特从一台量子计算 P.92
机远距离传输到另一台量子计算机(远距离量子通信)。通过这种
类似于传统互联网的方式,可以将较小的网络相互连接在一起,形
成一个更大的网络,最终形成全球量子互联网。全球量子互联网
将会被广泛应用,其性能不但取决于节点的处理器能力,还取决于
量子纠缠的生成和维持程度。

2.3　量子接口

　　当今的互联网已经在全球范围内发送了大量的数据,其传输
路径主要是光缆发送。未来的量子网络的性能将更加强大,因为
由量子网络交换的量子比特可以携带和传输更多的信息。然而,
实现这一目标的基本要求是要有能够将量子信息从量子存储器可
逆地传输到移动量子比特的组件。"接口"一词通常指在计算机和
外部设备之间传输数据的中间传输点。量子接口是一种连接固定
量子比特和移动量子比特的设备,用于在远距离的节点之间创建
量子信道。虽然实际过程非常复杂,但我们也可以用简单的词汇
来概述解读(即使用大幅简化的术语和描述性语言):在节点 1 处,

P.93

量子信息存储在一个静止的量子存储器（q 存储器）中。然后将信息"读出"，并将其传输到一个移动量子比特，量子比特以光速移动到节点 2，并将量子信息写入节点 2 的量子存储器中。两个节点通过这种方式叠加在一起。量子信息没有被复制，但生成的纠缠是一种单一的共同态，也就是说，并没有违背不可克隆定理。这一过程可以在任何方向进行重现（具有可逆性）。尽管这一过程听起来很简单，而且是传统 IT 操作中的标准过程，但对于量子网络来说，实现起来要困难得多。正是出于这一原因，全世界都在围绕如何实现高效的量子接口进行深入的研究。此外，如何在不破坏已生成的极其敏感的量子态的情况下使这些操作精确可控，同样是个十分重要的问题。

量子退相干的主要问题

如下文所示（见 2.5 节、3.1 节、3.3 节），量子对象服从叠加原理，这是量子纠缠的基础。如果两个波的波峰和波谷之间有固定的相位关系，或者根据物理定律随时间产生变化（见 3.2 节），则这两个波是相干的。对于描述量子态的波函数也是如此。然而，由于量子对象必然会与环境相互作用，因此相位关系（波峰和波谷之间的相对距离）变得不同步，即失去了相干性。由于这种退相干的原因，量子世界将失去它的典型性质，进入经典物理学的领域。从技术上讲，我们需要考虑来自外部的影响，也就是说，需要研发出能在足够的时间内确保相干性的系统，从而能够进行量子力学操作。此外，量子系统中还需要包括控制、测量和读取等环节，这些是量子网络研发中所面临的真正的技术挑战。

2.3.1　获得诺贝尔奖的前期工作 P.94

2012 年获得诺贝尔物理学奖的戴维·瓦恩兰(David Wine-land)和瑟奇·哈罗什(Serge Haroche)的工作为量子信息技术发展做出重要贡献,特别是在量子接口领域,奠定了重要基础。这两位科学家研发出了测量和操作量子系统的开创性实验方法。

激光冷却

众所周知,原子是微观粒子。为了能够控制和操作原子,我们需要使用特殊的"技巧"。例如,极强真空会导致环境中的压力降到几乎为零。使用合适的设备可以很容易地捕获仍然存在的少数原子。例如,在特殊的电极之间施加电压,生成的原子阱可以使原子像高尔夫球洞里的球一样运动,粒子可以在原子阱内停留更长的时间。为了获得特别强的量子相干性,还需要对粒子进行强冷却,以进一步减缓粒子的热运动。这就是瓦恩兰所做的贡献。即使在接近绝对零度(－273.15 ℃)时,粒子仍然会发生振荡。这种振荡并非自由无序,而是在某些方向上由量子力学定律所决定的。通过使用一种特殊类型的辐射,可以使粒子进一步减速,使其进入最低能量状态。为了达到这一目标,可以将激光束直接照射到原子上,使其进入激发态。在随后的过程中,释放的光量子所产生的后坐力将减缓原子的运动。也就是说,原子会在激光的照射方向 P.95 上损失能量。瓦恩兰改进了这一方法,从而能够用激光脉冲实现对量子对象的高精度控制、操作和读取。

腔谐振器

瑟奇·哈罗什提出了一种特殊的光学谐振器的设想。谐振器具有两面反射镜,单个的光子在反射镜之间会来回反射。然而,只有那些半波长的倍数正好等于反射镜之间距离的光子才能参与到这种类似乒乓球的游戏中。虽然谐振器在室温下可能存在无数种振荡模式,但在绝对零点附近只有很少的几种。在这些特殊的条件下,经过特别制备处理的原子可以进入谐振器,原子和光电磁场之间将产生特殊的相互作用。

腔量子电动力学

通常,量子物理学可以划分为量子力学和量子场论。其中最常见的是量子电动力学(quantum electrodynamics,QED),它将电磁学解释为光子介导的相互作用。腔量子电动力学(cavity QED)研究光在反射腔(如光学谐振腔)中的相互作用。有了这类反射腔,我们就可以造出量子接口,甚至量子计算机。如果反射腔中的光与原子跃迁发生谐振,那么就会产生腔场的相干交换,进而引起原子态和腔场之间的量子纠缠。物理学家瓦恩兰和哈罗什在这方面做出了重要贡献。在腔量子电动力学的帮助下,我们将量子接口及其连接原理以极简的形式表示出来(见图2.2)。

在图2.2中的节点1处,单个原子被囚禁于腔中,处于中等能量水平。然后原子被激光激发,因此原子的量子态短暂地呈现出最高能量水平。紧接着,原子"下降"到它的最低能量水平,生成一个量子态再传输到光子(移动量子比特)上,并通过光纤传输到节点2。在节点2处,原子处于最低能量水平。它被射入的光子激发,短暂地转换到高能量水平,然后回落到中等能量水平。因此,在节点1和节点2之间可以创建一个量子纠缠信道。我们用术语来描述,即这是不同节点之间量子信息的可逆存储和读取的过程。

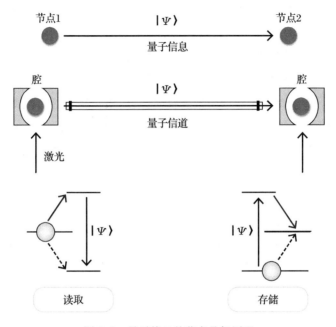

图 2.2 量子接口的节点叠加原理

2.3.2 实现(示例) P.97

为了让读者建立关于未来"量子信息技术"的总体印象,本节将介绍量子设备的实现,将使你对这项奇特技术的潜力和存在的挑战有所了解。

俘获原子

若干年前,雷纳·布拉特(Rainer Blatt)和他在因斯布鲁克的研究团队成功地搭建了一个基础的、接近可控的量子接口的原型。一个带电的原子,例如钙离子,被囚禁在一个所谓的保罗阱中,该保罗阱位于两个高反射镜之间,即处于一个光学谐振器中。激光

激发离子,并使它与激光的光子纠缠在一起。激光的频率和振幅
可用于有针对性地影响纠缠度,从而可以优化调整采集的纠缠光
子的数量。我们该如何想象这一过程呢？具体而言,即从固定的
量子比特到移动的量子比特如何传递对应的量子信息。为了说明
这一点,以下是一个示例场景。我们假设,根据玻尔原子模型电子
围绕着原子核运动(当然,这只是为了便于示例,严格来讲,这种说
法在物理上是不正确的)。量子计算机卓越的计算能力正是得益
于两种状态的叠加,即同一时刻 0 和 1 的叠加,也就是说,激发即对
应于两个电子的轨道叠加。激发态与激光光子的偏振态纠缠在一
起。这意味着整体的状态无法划分成独立的子状态,而只能作为
一个整体。当移动量子比特通过光纤移动到第二个接口时,它将
原子和光子之间的纠缠所形成的量子信息"携带"到第二个节点。
在 2019 年因斯布鲁克的研究人员创造了一项纪录,在距离 50 km
的光纤电缆中实现了物质和光之间的量子纠缠传输。

P.98

首个原型网络

早在 2012 年,德国加兴市马克斯·普朗克研究所的格哈德·
伦佩(Gerhard Rempe)和他的研究团队就成功地搭建了一个由 2
个节点组成的基础量子网络,他们是通过连接两个腔谐振器来实
现的。这项研究的非凡之处在于,该团队展示出了将像原子这样
的大量粒子纠缠在一起的能力。打个比方,该设备相当于一种由
原子组成的纳米开关系统,其作用就像微处理器中的晶体管。然
而,由于节点之间的纠缠,该系统能够连接更远的距离,它就像一
个同步开关,既可以作为数据载体又能当作运算单元。首先,原子
需要在较长的时间内处于谐振器中,利用精准调谐的激光束将原
子激发,使其发射出光量子。这样,就可以在较长的时间内实现光

子中的量子信息的可逆存储和读取。由于系统的对称特性,该系统对具有多个谐振器的网络尤为适用。与图 2.2 类似,节点 1 在原子态和发射光子的偏振态之间生成纠缠。在吸收过程中,纠缠被传输到节点 2 处的原子。通过这种方法,可以在长为 60 m 的玻璃纤维连接上实现原子的纠缠。尽管纠缠的时长只有 100 μs 左右,但这一时长比生成信道所需的时间要久得多。同时,研究人员还成功地将量子态传输到超冷原子气体和玻色-爱因斯坦凝聚(Bose - Einstein condensation,BEC),并且他们已经能够使用谐振器进行量子逻辑门操作,这是迈向网络量子计算的重要一步。玻色-爱因斯坦凝聚是指当温度低于极低的转变温度,即达到"最终纠缠"时,完全转变为集体量子态的较大的原子键。整个原子结构用一个波函数描述,具有理想的相干性。玻色-爱因斯坦凝聚的特性与超导体的特性密切相关,因此这种受控的超冷原子气体可以用于模拟超导体中无法解释的过程,从而对其进行详细的研究。

P. 99

量子芯片与金刚石

享誉美国的麻省理工学院的研究人员正与哈佛大学的科学家合作,研究量子通信与传统芯片技术的创新性结合。他们的主要目标是研发可扩展的量子接口。如前文所述,根本的挑战在于如何以可控方式俘获并操纵原子。我们也可以用一种"自然"的途径来实现,例如使用类金刚石结构,即改性碳晶格中的原子阱。其中一个已经研发出来的组件包含所谓的 NV 色心[1],这些 NV 色心的作用是作为量子存储器使用。每个 NV 色心以电子自旋和核自旋

P. 100

---

[1]　nitrogen - vacancy center,指金刚石晶格中相邻的两个位置上不是两个碳原子,而是一个位置为氮(N)原子,另一个位置为空(V)。——译者注

相结合的方式存储量子信息。纠错还需要其他多种自旋状态。一种特殊的集成电路按某路径发送 NV 光电效应,一方面用于检测,另一方面用于与网络中的移动量子比特进行互联。NV 色心通常具有适合作为量子存储器的特性,包括自旋的相干时间长(1 s,这一时长在量子信息技术中几乎是永久的)。NV 色心也可用于 2 量子比特门或量子纠错系统。早在 2015 年,研究人员在 1 km 距离上实现了 2 个 NV 色心的纠缠,这是朝着量子接口和网络量子处理迈出的重要一步。

混合量子节点

正如前文的示例所示,未来有望实现不同类型的量子节点的互联。

当今的互联网将无数不同的设备融合于一个网络中,与之异常相似的是,未来的量子网络也将各种量子设备互通互联。因此,当今许多研究人员认为混合网络节点将与未来量子技术的发展密切相关,而不仅仅是将完全相似的接口集成在一起。由于某些节点可能比其他节点更适用于特定任务,因此访问不同类型节点的能力将使量子网络受益。例如,超冷原子气体能够轻而易举地生成用量子比特编码的光子,而掺杂晶体则更适合量子信息的长期存储。然而,不同节点发射和处理光子的波长和带宽不同,这使得在它们之间的量子比特传输更加困难。由西班牙巴塞罗那光子科学研究所的乌格斯·德里德马滕(Hugues de Riedmatten)带领的研究团队实现了基础的混合节点连接。具体来说,当包含铷原子的激光冷却云被作为一个静止量子比特接受操作时,该团队将其编码在一个可移动的量子比特中,即波长为 780 nm 的光子(1 nm=10^{-9} m)。传输在两个相邻的实验室站点之间进行,将波

P. 101

长降低到 606 nm,这样它就可以与掺杂晶体的节点组成的接收器相互作用。同时,这一过程中使用的光子被转换成 1552 nm 的"IT 标准",这就从理论上验证了该技术与传统的电信基础设施兼容。这是一个关于不同量子节点之间的相互作用及其各自优势的初步演示,研究人员认为这一演示是基于光纤的量子网络发展的一个重要里程碑。

2.4 可能的应用

量子互联网领域的技术既包罗万象又难以预测,这正是截至目前对这种技术还无法提出一种完整性概括的原因。通常情况下,在具有革命性的新技术发展的初始阶段,没有人能确切地预测发展的趋势走向,然而物理学家和技术人员常常不这么认为。因为当前我们已经能够确定一些相关的基本功能,从中可以推测出近期的一些发展方向(见 2.9 节)。

2.4.1 数据的保护、调度和处理 P. 102

目前,量子互联网最重要、最先进的应用是量子密钥分发,特别是在基于纠缠的协议方面,将量子密钥分发与传统技术相结合具有很大的发展潜力。第一批量子密钥分发系统已进入市场的事实支持了这一观点,市面上已经可以买到能够建立防窃听的点对点连接的设备和用于实际网络环境的产品。多年来,关于量子密钥分发系统研发的重大科研项目一直在进行中。远距离的直接纠缠目前还无法实现,因此前期的研究主要集中在基础设施和设备功能的演示方面。这种系统通常被称为基于"可信中继器"的"0级"量子密钥分发网络。最初该系统是在实验室研究中进行测试的，目前已经在城市级区域的实际网络中搭建实现了首个原型系统。日本和中国的量子密钥分发网络是此类城域网系统的主要范例，我们稍后将对其进行更详细的讨论（见 2.4.2、2.4.3 节）。根据制造商提供的信息，美国第一个商用的可信中继器网络正在建设中，该网络在波士顿和华盛顿之间提供了一条量子密钥分发信道，线缆总长度为 800 km。

P. 103

然而，实验室环境以外的多量子比特通过纠缠连接到端节点的更大规模量子网络尚未实现。虽然这一目标会困难得多，但也更加令人兴奋。例如，迄今已知的应用包括分布式系统问题的调度、时钟同步、位置验证和射电天文学中的甚长基线干涉测量（以获得更高的分辨率）。拿原子钟的同步举例，即使在今天，精确的时间记录也是通过一个由卫星同步的全球原子钟网络来实现的。以宇宙的年龄（约 138 亿年）来计算，目前超精密光学原子钟的误差远小于 1 s。然而，要利用这种超高的精度，或者比较这些时钟的性能，仅有卫星连接是不够的，因为链路引起的"噪声效应"抵消了这些优势。科学家们已经实现了通过光纤电缆将光学原子钟纠缠在一起。最终的解决方案将是搭建一个全球量子光学原子钟的互联网，它能使世界各地的大量超精密时钟完全同步运行。量子网络的优势在于：尽管它不能实现比光速更快的通信，但它能以远高于光速的速度进行自主调度和同步。尤其是对于后者（在传统互联网中是完全不可能的），这使得量子通信变得无比的宝贵和有趣。如今，传统网络中已经出现了无数调度方面的问题，这就要求我们在未来能够更快、更有效地解决这些问题。量子比特可以利用的是能够通过纠缠实现自动和瞬时连接的这一优势。同样，量子计算机的初始状态可以通过量子隐形传态传输至另一台量子计算机以作为输入，这样能达到更高的数据传输速率。

这项技术的一个重要应用是分布式或网络量子计算,即将整个网络合并为一台计算机。这种系统已经在小规模微型量子网络 P. 104 上得到了实现,理论上可以扩展到更远的距离。这样做的好处是,在地球上的不同地方、使用不同技术制造的复杂处理器可以相互联接,形成一台单独的量子主机。目前可以预测的是,未来量子计算机的模块化结构将具有许多优势。为了实现这一目标,应将许多只能存储和处理有限数量量子比特的量子计算机通过量子信道互联起来。根据一项大致的估计结果,一台包含 $50\sim60$ 个量子比特的"组合系统"将能够比传统计算机更快地解决某些较复杂的问题。注意,每增加一个量子比特,计算能力将会呈指数级增长!未来的量子计算机网络的最高性能将由两个因素决定:

1. 量子计算机可以解决哪些问题?

2. 如何将单个计算机的性能和概念(可能非常不同)结合起来,从而解决更复杂的问题?

我们将要详细讨论的是,除搜索和逻辑算法外,量子计算机目前已知的能力主要在于算术运算次数呈指数级增长,以及对原子和分子结构的模拟。特别是后者,可能会对人类的生态和经济发展产生持久的、超出研究范围的影响。综上所述,量子互联网可能的应用将与四种基本功能相关:

1. 通过量子密钥分发进行防窃听通信。 P. 105

2. 以超光速进行量子系统的同步和调度。

3. 在网络计算或模块化量子计算机领域,建立量子计算机之间的量子通信。

4. 多用户访问量子云。

最后需要指出的一点是全球许多用户都可以使用功能强大的量子云计算机。这些中央计算机归属相关的公司或机构所有,它们可能会重新形成本地量子网络。在安全性层面，量子互联网为各方面的安全都建立了全新的标准。

2.4.2　东京量子密钥分发网络

量子密码是对常规安全技术的补充，是一种高度安全的替代方案，相关系统自 20 世纪 90 年代以来得到了迅速发展。进入 2000 年后，原型系统就已经从实验室逐步应用到现实网络环境中。

在所谓的量子密钥分发的实地测试中，研究人员分析了该技术在多大程度上适合实际应用，以及如何将其用于各种应用场景。2010 年，来自日本和欧洲的九个组织合作，进行了大规模的量子密钥分发测试。测试的主要目标是验证高端安全技术在商业上的适用性，相关应用包括安全电视会议和移动电话。在早期的测试中，比特率只有若干 Kb/s，测试距离为 10 km 左右。

P. 106　　在东京的实地测试中，在大约 100 km 的距离上，实现了高得多的比特率。极高的生成速率也使得实时加密成为可能。前日本情报通信研究机构（National Institute of Information and Communications Technology，NICT）的部分测试网络被改造成东京量子密钥分发网络。它有四个主要接入点，通过商业光纤线路连接。这些接入点分别位于日本本州岛上的小金井市、大手町、白山市和本乡町。这一所谓的城域网的距离太远，随之而来的挑战是超长的光纤线路会造成相当大的损耗（大约 0.3～0.5 dB/km）。单位分贝（dB）是对两个测量值的比值取对数。对于光来说，这个值是指亮度，即光强。在量子模型中，这个值反映了光子数。光的衰减（光强损失）、环境影响及同一电缆中相邻光纤线路引起的"串扰"会产生显著的噪声影响。因此，需要运用大量的技术和科学方法来尽可能适合的方式对损耗进行补偿。测试团队成员主要来自日本电气股份有限公司（NEC）、日本电报电话公司、日本三菱公司、东芝欧洲公司及总部位于瑞士的量子安全公司。由奥地利国家技术研究院、维也纳量子光学与量子信息研究所及维也纳大学组成的团队提供了进一步的支持。所有的机构都使用不同类型的量子设备，每一个设备都是独立研发的。通过这种方式，创建了一种（主要）基于可信中继器的混合节点类型。

可信中继器

如前文所述，量子互联网建立的前提是所有端节点之间都存在直接纠缠。为了实现这一目标，需要研制出特殊的量子中继器，这可能需要一些时间。因此，目前作为过渡阶段的方案是建立基于所谓的"可信中继器"的大型网络系统。该系统可以理解为中继的接力，在每个节点进行安全的量子转发。但是，我们有必要假设每个传输节点都是"可信的"，并且在未授权的情况下不共享任何信息。一般使用非对称或混合技术来确保可信节点处于尽可能高的安全级别（见 2.6.1 节）。

P. 107

更多详细信息

在安全数据链路的端节点 A 和 B 之间安装可信中继器 R。首先，我们生成两个私钥 k_{AR} 和 k_{BR}。然后，A 向 R 发送一个密钥 k_{AB}，该密钥已使用 k_{AR} 加密，R 对其进行解密，获得 k_{AB}。接着，R 使用 k_{RB} 再次加密密钥 k_{AB} 并将其发送给 B。B 使用 k_{RB} 进行解密，获得 k_{AB}。现在，可以通过普通的 IT 连接，使用生成的相互密钥 k_{AB} 来进行数据传输。该系统是绝对安全的，除 A 和 B 的连接外，它对所有攻击免疫。但传输信道内不是绝对安全的，因为中继器 R 能够破译所有密钥，所以中继器必须是可信的。

网络架构

　　量子密钥分发网络采用三层结构。最底层是量子层，是基于可信节点的特殊中继站。每个链接都以特定的方式生成安全密钥，所使用的协议及密钥的格式和大小也各不相同。大多数情况下使用的是各类诱骗态 BB84 协议[①]。令人耳目一新的是，上述的"维也纳"团队另辟蹊径，他们使用的是基于纠缠的系统。将密钥通过量子密钥分发设备传送至中间层，即密钥管理（key management，KM）层。该层的密钥管理代理（key management agent，KMA）通过 NEC 和 NICT 研发的与系统兼容的应用接口来接收密钥。密钥管理代理是一种作为可信节点的经典计算机，它的工作是识别密钥，并使其大小和格式符合要求。接着，密钥管理代理顺序存储密钥，以便同步密钥的使用，进行加密/解密。密钥管理代理还可统计存储相关的数据，如量子比特误码率（quantum bit error rate，QBER）和密钥生成率。然后，密钥管理代理将得到的信息转发给负责中间层网络管理的密钥管理服务器（key management server，KMS）。密钥管理服务器处理并调度所有连接，在它的控制下，所有的网络功能都完全运行在密钥管理层上。服务器还监视密钥的生命周期并报告安全路径。根据名为"Wegman - Carter"的方案来执行认证过程，其中认证是基于以前生成的密钥。

　　最后，生成的量子密钥用于文本、音频和视频数据的加密/解密，第三层（应用层）则保证安全通信。用户接入可信节点，它们的数据被发送至密钥管理服务器，并使用所谓的"一次一密"（one -

P. 108

---

① BB84 协议是以两个发明者的姓氏首字母和发明时间（1984 年）而命名的数据传输方法。——编者注

time pad，OTP)的密钥存储模式进行加密/解密(见 2.6.1 节)。由于在混合类型网络中的中继器数量是受到限制的,所以密钥管理服务器会相应地在用户请求的目标端建立路由表,并选择合适的路由。因此,密钥管理服务器使用的是自主搜索算法。

示例

P. 109

2010 年 10 月,研究团队向公众展示了一次成功的功能测试。测试的对象是位于小金井市和大手町的视频会议。实时视频流采用量子密码进行加密,然后通过一次一密以密钥存储方式进行传输,密钥的速率为 128 kb/s。该团队成功地在长达 135 km 的距离间生成了安全密钥。在一条 90 km 长的线路上,将一次黑客攻击作为额外的安全检查。接着链路遭到了激光束的猛烈攻击,密钥管理服务器检测到量子比特误码率迅速增加,发现了这一攻击并发出警报。接着,小金井市的两个密钥管理代理提供了用于防范攻击而存储的密钥。密钥管理服务器立即切换到备用线路,从而能够在密钥用完之前继续生成密钥。视频会议随后继续进行,干扰消失了,保证了通信安全。此外,研究人员还成功地对各种转发线路进行了多次开关试验①。

2.4.3　2000 km 高端主干网

在日本量子密钥分发网络的公开演示成功之后,雄心勃勃的中国也不甘落后。中国已经向前迈进了一大步,在研的"北京-上海"项目(中国量子密钥分发网络)是一个长约 2000 km 的分布式网络。未来,该网络可能会成为国家通信网络的主干网。北起北

① https://arxiv.org/abs/1103.3566

京,途经济南和合肥,终点是沿海城市上海,这条主干网连接着四个城域量子网络。基于与日本类似的技术,中国的网络不仅在长度上超过了日本,而且在太空量子实验中首次展示了量子卫星技术。该技术提供了通过量子卫星直接连接远端节点的重要方法,从而将量子密钥分发提高到相当高的安全水平。据媒体报道,该网络的用户涵盖了行政部门、金融机构等领域。济南量子技术研究院还表示,该网络已做好了投入商业使用的准备。高端通信线路比传统的电信连接安全得多,后者不具备基于物理的内在安全机制。因此,中国希望这一试点项目能够延伸到国外,并成功推广到世界各地。

P.110

自2014年以来,全球最大的量子密钥分发网络一直在建设中,一期工程已于2017年9月竣工。开幕式期间,一笔从上海到北京的银行转账业务引起了媒体的极大关注。同一阶段,湖北武汉建立了另一条线路。随着量子网络在长江沿岸城市的进一步拓展,这一项目将继续建设下去。最终计划是将量子网络继续深入拓展数千米。当然,安全性在某种程度上受到一定的限制。中国的量子网络和日本的一样,主要使用的是可信节点,更准确地说,是由32个可信节点连接而成的通信线路链(截至2017年)。如前文所述,该方案还不能提供最好的安全防护。然而在目前项目阶段,系统已经比传统网络要安全得多,因为理论上原本无穷多的攻击目标节点已减少到了32个。无论如何,中国的研究人员梦想能建成一个全球量子网络。潘建伟院士称,该网络有望在未来十年内投入使用。

P.111

2.4.4　维也纳多路量子密钥分发网络

建立量子网络的主要动机是让尽可能多的用户使用量子密钥

分发。由于大量项目都是为两个通信方设计的,因此,研发尽可能高效的多用户解决方案是一个最重要的研究方向。近期,在鲁珀特·乌尔辛的指导下,奥地利研究人员朝着这一方向迈出了开创性的一步。在一项概念验证研究中,该团队实现了一种节省资源、可扩展的网络结构。与以前的网络设计相比,该结构在速度上具有相当大的优势。更重要的是,新系统是一个完全互联的量子密钥分发系统,因此是一个"真正的"量子网络。这意味着与可信中继器相比,新系统安全级别显著提高,这一点我们将在后面进行详细讨论。实验表明,通过频分多路复用,一个被动纠缠源实现了四个通信方之间的高安全性的量子密钥分发。具体来说,一个特殊的激光器生成一个纠缠偏振态,其中通过带通滤波器将光的频谱分成 12 个信道,然后利用光纤将其中的三个频率分配给端节点的四个用户。在此过程中,通过多路复用的方式对频率进行切换,使得一方始终与另一方共享纠缠光子对。因此,可以实现四个通信方的六种可能的两两通信。由于端节点为使用者配备了相对简单的设备,因此这种设计具有特别好的成本效益和用户友好性。研究人员证实,维也纳结构可以直接适用于任何其他网络拓扑结构,且可以进行线性扩展。因此,只需稍加修改就可以将新的客户端添加到系统中。通过使用"电信标准"范围内的波长,该网络能够P. 112与现有互联网基础设施兼容,这一点使其成为最具前景的商业量子密钥分发网络①。

2.4.5　量子云

如今,云计算已经成为互联网的一个重要组成部分,许多用户

---

① https://arxiv.org/abs/1801.06194

尤其是公司都在使用。它的服务包括为远程用户提供应用软件、计算支持及存储空间等基础资源。一方面，对用户行为的集中采集和评估由此产生的大数据引起了人们对数据保护的密切关注。从互联网的未来发展来看，这一点将变得更加迫切，即使是同态加密这样的解决方案也可能成为攻击的目标。另一方面，量子云不仅可以使某些计算任务提速，还可以提供前所未有的安全级别。隐私权和完整性等概念将被提升到一个新的层次：毕竟，量子云创造了一个高度安全的客户端-服务器环境，且服务器执行的所有计算都完全保密。这种功能在传统的信息技术中并不存在，其技术背后的思想是盲量子计算（blind quantum computing，BQC）的重要概念。举个例子：人们想利用量子计算机的优势来为某些应用服务。然而量子计算机需要非常复杂、高成本的硬件，这一点使其过于昂贵，大多数用户无法承担。量子云则不存在这一问题，因为客户端请求的仅仅是计算时间。系统接收到请求后，量子服务器连接到量子计算机，然后由量子计算机执行请求的任务。量子计算机需要进行"盲"计算，即客户端只需传递给服务器需要执行的指令。由于基本的内在物理原因，用户无法获得该过程的任何相关信息。我们完全可以想象，未来的量子互联网将提供对量子计算机的云访问，这些计算机非常昂贵、功能强大，通常属于大公司和机构。盲量子计算不仅可以保证相当程度的安全性，还可以检测计算是否真的是由量子计算机完成，而非伪造而成的。

P. 113

　　目前有许多关于如何实现量子互联网的建议和研究。例如，其中一种方案是客户端将集群生成的量子比特提供给服务器。服务器接收客户端以常规方式发送的指令，再利用资源执行所需的计算。例如，光子适合作为移动量子比特，因为它们可以通过玻璃纤维传输。服务器通过特殊的量子变换使这些量子比特纠缠在一起,而不需要任何关于这种纠缠的信息。接着,服务器根据单向量子计算机的原理进行测量(根据从客户端收到的指令,见 2.5.4 节)。然而测量结果本身不能被服务器直接使用,因为由客户端生成的量子比特的随机元素对服务器来说仍然是未知的。当服务器将结果发送回客户端时,只有客户端能够对其进行正确的识别,因为其他人都不知道客户端量子比特的客观随机测量值。总之,该系统基于一个原则:服务器永远无法获得客户端量子态的全部信息。 P.114

　　近年来出现了几种不同的盲量子计算协议,所有这些协议都要求客户端能够访问特殊的量子设备(用于量子比特的制备或测量)。中科大的一个研究团队在潘建伟院士和陆朝阳教授的指导下,实现了用传统计算机将量子计算机分配给量子服务器(见图 2.3)。通过一个简单的示例,将数字 15 分解为因子 3 和 5,实现了传统客户端与两台量子服务器的通信,且这两台服务器不知道正在计算的内容。这是能够实现的,因为两台服务器都只执行部分计算,且服务器之间无法使用传统方式来交换信息。同时,可以检测出量子计算的结果是否"伪造"。通过原理论证,研究人员提出 P.115 将改进这种方法,用于解决"真正的"计算机问题,也许将来可以在云服务器上实现。陆朝阳教授说,该方法的另一个很大的优势在于用户不需要任何特殊(可能昂贵)的量子设备。这节省了资源,从理论上来讲可扩展的量子计算能够在全球范围内使用。一个富有想象力且可行的设想是,将量子资源进行合理分配,且"多用户盲量子计算"的结果无法伪造。

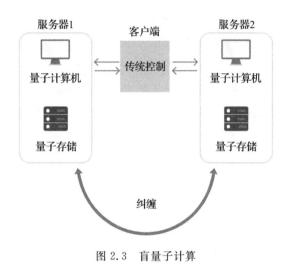

图 2.3　盲量子计算

2.5　量子计算机

> 制造量子计算机来模拟自然，因为整个世界都是量子的！
>
> ——理查德·费曼，1965 年获诺贝尔物理学奖

未来量子互联网的性能和相关技术不仅取决于其非凡的安全性和调度性能，而且取决于量子计算机未来会具备何种能力。现在，我们来近距离看看这一极具创新性的概念，并重点介绍当前的研究现状。

早在 20 世纪 60 年代，美国物理学家理查德·费曼（Richard Feynman）就对量子物理是否可以用于计算进行过推测。一台计算机的组件（如内存、隧穿场效应晶体管等）是否遵循量子力学规则，计算过程是否基于量子信息学，都会产生不同的影响。只有当答案都是肯定时，该计算才属于真正的量子计算。为了说明这一点，

我们先来看看普通的传统计算机。简单来说,我们可以把传统计算机想象成一种黑匣子,这一黑匣子的输入为 0/1 比特,最终它输出的也是 0/1 比特。实际计算过程对应的是比特序列的变化,该变化可以看作是以预定方式执行的一系列开关操作。为了提高处理速度,需要在极短的时间内激活大量开关,实践中是通过在微型芯片上安装数十亿个微型半导体晶体管来实现的。触发这些开关的顺序对应的是编程步骤,即算法。传统计算机的特征是,这些步骤的次序是严格按照顺序执行的(即单个开关总是按一定的顺序进行连续移动),然而这一点自然会使处理速度受限。

P. 116

摩尔定律

为了提高传统计算机的性能,几十年来计算机工业一直遵循一个非常简单的定律。开关的数量不断增加,导致芯片设计越来越紧凑。因此,通过提高处理器的时钟速率可以处理越来越多的比特。同时,还可以降低每个开关的功耗。通过这种方法,每个芯片的处理性能值每 18 个月就能翻一番,多年来一直都是如此。人们通常把这种指数关系称为摩尔定律(以英特尔的联合创始人戈登·摩尔(Gordon Moore)的名字命名)。请注意,这并不是一条自然规律,而是计算机行业的工程师设定的雄心勃勃的目标。此外,这一目标完全可能实现,这是由自然规律所决定的。紫外线能在拇指大小的硅片上蚀刻出数十亿个小晶体管,这一点是"硅革命"的基础。由于紫外线的最小波长约为 10 nm,因此用这种方法可以制造出原子直径最低为 30 nm 左右的晶体管。然而,这种永无止境的小型化游戏不可能无限持续下去,原因有几个。例如,高性能芯片产生热量的速度远远超出冷却技术的发展速度。另一个原因是更小的结构所需的波长在 X 射线的范围内,然而 X 射线无法充

P. 117

分聚焦。尽管存在这些困难，已有美国的公司发布了 3 nm 的芯片。然而最终的极限是量子力学定律所设定的不可逾越的阈值。

量子并行性

上述极限存在的原因是海森伯不确定性原理，即我们永远无法同时精确地知道量子对象的位置和速度。因此，原子或电子的确切位置是不确定的，在某种程度上是模糊的。另一个后果是，可能会产生"漏电"，即带电粒子击穿芯片的晶圆薄层导致短路，从而无法使用这种方法来处理基于电子编码的比特。为了从根本上解决这一问题，计算机行业出现了并行计算机。并行计算机将计算任务分配给若干个进程，也就是说，将任务分解后同时执行。最后，再次将结果合并。然而在某些情况下，将子任务分配给多个芯片可能会非常困难，因为组织和调度这种分配的额外成本可能相当高，而且针对不同问题的子任务结果合并也是一个很大的难题。到目前为止，还没有这方面的标准流程，这也是计算机行业一直在寻找突破性技术的另一个原因。计算机行业将迎来一个新时代，即所谓的后硅时代。未来的发展可能出现在生物系统的使用、生物和信息技术的处理、光信号处理及新的基于物理的模型等领域。量子计算机的概念就是这些新方法之一。这种革命性的方法十分准确地解决了传统计算机的问题。如前文所述，基本的问题在于程序步骤的顺序执行会自动限制处理速度。可否简单地忽略这种"串行"呢？量子计算机可以发挥它的能力，使用一种独特的并行方法进行"非串行"计算。这种时间反演不变性不仅会影响逻辑门的顺序（即输入和输出可以互换），而且还表现出所谓的量子并行性。因此，可以将一个问题的多个解同时包含在整个量子态中，并通过一系列特殊的测量来读出期望的结果。这一奇特的并行世界

存在的主要基础是叠加和纠缠的原理,即 0 和 1 以多维和强相关的
形式同时存在。根据这些全新的性质,信息处理的最小单位将从
比特变成量子比特,即 0 和 1 的量子力学线性组合。

2.5.1　量子比特——多任务处理的天才

P. 119

　　为了更好地理解量子比特的性质,我们使用了一种简化的表
示法。假设一个圆形象限以两个坐标轴为限(见图 2.4)。这个四
分之一圆上的每一点都表示量子比特的可能状态。每个状态用一
个箭头(向量)表示,箭头的起点位于坐标系原点,其顶点指向圆上
的点。现在我们想象向量沿着象限弧移动,可以发现量子比特同
时将所有这些状态联合起来。状态的数量是无限的,因为四分之
一圆包含了无限多的点(更何况整个圆)。专业的说法是,每种状
态都是一个二维向量,可以通过基向量 $|0\rangle$ 和 $|1\rangle$ 的线性组合来表
示: $|\Psi\rangle = a\,|0\rangle + b\,|1\rangle$,其中系数 a 和 b 是 $[0,1]$ 上的任意数。也
就是说,可以调节基向量的长度。a 和 b 与状态向量一起,形成斜 P. 120
边长度为 1 的直角三角形。特殊情况是当 a 或 b 等于 0 时,我们称
之为退化三角形。符号 $|\Psi\rangle$ 是量子态的狄拉克符号,它是典型的量
子力学符号。

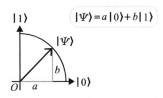

图 2.4　基向量的线性组合

没有什么是完美的

考虑到量子比特同时具有无限多个状态，面临的困难是，人们可能会得出一个错误的结论：量子计算机只需要一个量子比特就足以进行计算。然而，事情并非那么简单。量子比特中的状态叠加只存在于它不被"观察"的情况下，用物理学术语来说就是，量子态未经测量。一旦进行测量，量子态就衰变为其两个本征值中的一个，0 或 1。另一个困难是，无法准确地预测量子态的测量值是 0 还是 1，只能得到一个从量子比特象限中读取测量值的概率。根据勾股定理：$a^2 + b^2 = 1$，其中 1 表示概率为 100%。例如，如果我们假设状态向量与坐标轴的夹角为 $45°$，那么系数 a 和 b 的值相同。因此，测量值为 0 和 1 的概率都为 50%，两个概率之和为 100%。如果角度为 $0°$ 或 $90°$（退化三角形），那么测量值为 0 或 1 的概率为 100%（因为 $a=1$ 或 $b=1$）。在其他的情况下，如果角度不同，测量值分别为 0 或 1 的概率都不同。那么问题是，与经典比特相比，量子比特的优势是什么。毕竟，量子比特的一个相当大的缺陷是，虽然理论上可以携带无限量的信息，但测量时它总是衰变为本征值 0 或 1。此外，这种情况发生的概率不固定。所以乍一看，量子比特或许不具有优势。

P. 121

寄存器中的许多量子比特

当若干量子比特相互叠加时，在最好的情况下，叠加态的数目将变得非常大。首先，假设一个寄存器具有两个量子比特。因此，我们有四个基向量：$|00\rangle$，$|01\rangle$，$|10\rangle$ 和 $|11\rangle$。由于量子力学的叠加原理，通过它们能够建立任意的叠加态。但是人类无法想象这种情形，因为我们只能在三维空间里进行想象，而这一例子是四维

的。我们可以用公式来表示 2 量子比特系统的量子态：$|\Psi\rangle=$ $a|00\rangle+b|01\rangle+c|10\rangle+d|11\rangle$。类似地,相应的概率由系数 a、b、c 和 d 得出,其中 $a^2+b^2+c^2+d^2=1$。因此,可能的线性组合 的数目,即叠加态的数量明显增加。我们之所以知道这一点,是因 为我们想象出了一个由四种基本态构成的四维空间。

　　现在,考虑寄存器中量子比特的数量为 $3,4,5,\cdots,N$。我们发 现基向量的数量呈指数级增长,即我们的状态空间变为 8 维,16 维,32 维,$\cdots$,2^N 维。如果我们将其与一台"普通"计算机进行比较, 就会发现随着寄存器中量子比特数的增加,量子计算机的性能远 远超过了传统计算机。传统计算机需要用 N 比特信息来表示一个 N 寄存器,每一比特只能用 0 或 1 表示。然而量子计算机叠加态 的数量极高,为 2^N,换句话说,它同时是 0 和 1,且是多维的形式。 需要注意的是,算法并不一定会用到每种叠加态。在这种情况下, 一种状态可能包含用于求解问题的大量步骤。这将大大减少计算 时间,尤其当求解的问题的计算步骤数量呈指数级增加时更是 如此。

P. 122

量子计算机的工作原理

　　事实上,我们可以用一个简单的 2 量子比特寄存器来解决简 单的问题。举个例子来说明这一原理:将计算机想象成一种黑匣 子,它接受输入(0 或 1),并为每个输入输出一个二进制数(0 或 1)。 计算机的任务是比较两个输出数字是否相同。首先,制备一个合 适的量子系统,状态映射为 0 和 1 的叠加。接着,将这种叠加态用 于黑盒的输入。在黑盒中,提取两个输出值,将输入状态(包含数 字 0 和 1)进行转换。例如,可以利用量子电路来完成这项任务。 由于量子力学定律规定,只能通过一次测量从状态中读出信息,因此需要巧妙地对系统进行转换。方法是：如果两个输出值相等，则测量结果一定为 0；否则，测量结果一定为 1。当执行完一次测量时，量子计算机就已经完成了任务，且得到了问题的解。而对于一台传统计算机来说，为了解决这个问题需要发起两次计算请求。因此，它的计算效率不如量子计算机。

P. 123

所以，如果向量子计算机提出"正确"的问题，那么量子计算机就可以更快地完成任务。我们关心的不是计算的确切值，而是两次输出的数字是否相同（数字本身的值仍然未知）。稍后，我们将进行一次具体的模拟，来说明为什么量子计算机的运行效率更高。也就是说，提出的问题对量子计算机而言至关重要，量子计算机并非适合解决所有的问题。它只适合执行非常具体的任务，与传统计算机相比，这些任务可以在更短的时间内完成。鉴于量子计算机的优势，其适用于密码分析、大型数据库的逻辑和搜索领域。解决某些问题需要的算力呈指数级增长，即使用超级计算机可能也无法解决这类问题，则有希望通过量子计算机得到解决。显然，量子计算机是一种不同凡响的计算机，但也绝对不会取代你的笔记本电脑或平板电脑。

2.5.2　量子软件

传统计算机的核心是处理器芯片，包括计算寄存器和逻辑门。计算寄存器的工作是用数字进行计算，而逻辑门在程序中处理逻辑决策。算法通常可以理解为解决问题的一系列步骤，若干个不同的步骤通过高级编程语言（"软件"）组合成一系列指令。通常，软件的每条指令都需要转换成机器指令，然后由计算机来处理。在传统计算机中，机器指令的代码是用比特语言编写的，也就是说，由一串 0 和 1 组成。通常，计算机的任务只是将输入比特转换

P. 124

为输出比特,这一过程是由用比特编码的算法来决定的。每个步骤都可以用基于数学规则的基本逻辑电路(门)来表示。

同样,量子计算机也可以明确指令。目前还不存在传统意义上的量子软件,但是现在已有几种量子算法。在这一领域,计算机科学的一个新分支——量子信息学正在得到发展,它描述的是算法对量子比特寄存器的影响。由于量子比特通常表示的是叠加态而不是 0/1 比特,因此量子比特的数学描述与传统计算机的数学描述存在根本的区别。例如,一个量子电路具有若干个量子门,这些量子门以固定的时间顺序作用于量子比特寄存器,如量子傅里叶变换,这是著名的肖尔(Shor)算法的一部分。该算法运行在具有 N 个量子比特的量子寄存器上。2^N 种基本态中的每一个都映射到一种叠加态,结果就像音乐一样:乐器的单个音色由基本音调和泛音组成。另一个区别源自客观随机性原理。出于这一原因,许多量子算法只能是概率形式的,也就是说,它们只产生具有一定概率的结果。然而,根据大数定律,通过重复多次相同的测量,可以将误差限定在无限小的范围内。

肖尔算法

P. 125

肖尔算法是傅里叶级数的"量子音乐"使用的一种算法,曾令许多密码学家感到恐惧。该算法计算的是一个合数的非平凡因子。与传统算法相比,它能用更短的时间完成这项工作。如前文所述,互联网上的许多加密方法都是基于大数分解。例如,流行的"RSA 加密"的安全性是基于能够在多项式时间内进行大数分解的有效算法不存在。对于传统计算机来说,在多项式时间内无法解决的问题是无法计算出结果的。简单地说,将 323 分解成两个质数的乘积比计算 17 乘以 19 要困难得多。现在如果要分解的数的位数在 600 以上,那么上述分解将成为连超级计算机都无法解决的问题。原因是到目前为止,还没有一种数学方法可以有效地计算大数的质数因子。然而一台使用肖尔算法的量子计算机将能够突破这一难题,从而破解 RSA 加密。这一思路是由贝尔实验室的彼得·肖尔(Peter Shor)于 1994 年提出的。该算法将传统方法和量子方法结合起来,有一定的概率会成功,仅在少数情况下该算法无法得到任何结果。早在 2001 年,IBM 就证明了一台"婴儿量子计算机"能够将数字 15 分解成因子 3 和 5。这看起来没什么大不了,一些密码学家对此不以为意。然而当婴儿长大后会发生什么?事实上,在公众看来,量子计算机主要的功能就是所谓的密码破解能力。偶尔,我们会把量子计算机想象成潜在的"怪物"。不过,就目前而言,我们可以很明确地说,肖尔算法还不适用于任何实际任务。研究人员正在进行针对非对称密码系统的防护工作,这种密码系统应该能够抵抗量子计算机。这就是我们所说的后量子密码,毕竟没有人能准确地预测若干年后的技术水平。新的技术发展和科学上的突破可能会带来令人惊讶的原理和技术。未来,量子计算机也许能在几秒钟内破解现有的加密密码,这种可能性永远无法完全排除。

P. 126

格罗弗(Grover)算法

信息技术的一个重要任务是在未排序的数据库中进行搜索,搜索引擎和逻辑优化问题都是如此。最快的搜索算法通常是线性搜索,即搜索 N 个条目时,也需要相同数量级的计算步骤。假设您正在电话簿中查找某人的信息,如果电话簿中的名字是按字母排序的,那么通常你会很快得到结果;如果电话簿中的名字是任意排序的,那么问题就复杂了。在最坏的情况下,你需要看完每一个名

字,才能找到你想找的人。对于 N 个人而言,最大的搜索次数也是
N。N 越大,搜索所需的时间越长。对于未排序的数据,传统搜索
算法平均需要 $N/2$ 次搜索。现在,格罗弗算法在搜索次数上取得
了很大的改进,N 个条目只需要大概 $\sqrt{N}$ 次搜索。当 $N=1$ 万亿
时,只需要不超过 100 万次搜索。此外,内存的需求甚至是呈对数
级增长。这一点很难得,因为对数函数的增长速度非常缓慢。对　P. 127
于非常大的 N 来说,好处非常明显。存在的缺点是,格罗弗算法是
概率性的,即它能以很高的概率提供正确的解,但并不确定,然而
也可以通过多次重复来降低错误概率。

　　我们可以通过一个米卡多游戏来说明格罗弗算法的效果。从
大量长度和直径相同的米卡多棒中取出 4 根,将其放在一张纸上,
呈一个正方形。现在,在封闭区域中画出 N 个点,每个点表示 1 个
搜索条目。如果 N 非常大,那么点的数量将几乎完全填满正方形。
这些点中的某一个对应我们的搜索条目。在最坏的情况下,一台
传统计算机需要筛选所有的点才能找到正确的那一个,这可能需
要很长时间!然而量子计算机的工作模式却完全不同。利用量子
并行性,量子计算机将剩余的米卡多棒都随机扔到正方形上,其中
某一根米卡多棒正好击中正确的点的概率很大。由于米卡多棒正
好与正方形的边一样长,因此算法只需筛选 $\sqrt{N}$ 次,就能找到正确
的点。如果所有米卡多棒都没有击中正确的点,则重复该过程。
每重复一次,找到正确的点的概率都会增加。

量子模拟器

　　量子模拟器具有特别巨大优势的领域是对量子系统的模拟,
这种模拟无法通过传统方法来进行计算。例如,在材料科学领域,　P. 128
每一个固体材料都包含数十亿个原子或分子的晶体结构,这是一

个难以想象的复杂量子系统。系统的电子态实际上是用薛定谔方程来描述的，理论上可以用该方程来对每个原子、每个分子进行预测，从而也可以预测得出整个固体材料的性能。不过，这句话的正确性只存在于理论。每一个物理专业的学生都知道，即使对于一个最简单的问题，基态氢原子的薛定谔方程的求解就已经相当复杂。对更复杂的状态只能进行近似估计，强大的计算机或超级计算机也无法求解出 50～60 个原子以上的情况。因此，我们需要尽可能找到与现实吻合的新计算模型。

理查德·费曼提出了量子模拟的基本思路，以下做简要介绍。1982 年，费曼提出了一种"模拟量子计算机"，它并不是基于数字编码，而是基于对自然的模拟。因此，这种计算机使用了完全不同的系统，可以近似地将其特性转换成目标系统的某个方面。然后我们可以研究这些特性，而不必模拟整个系统，这同时节省了存储空间并提高了处理器性能。通过这种方式，量子模拟器可以独立地存储和处理信息，也就是说，它成为了一台量子计算机。例如，量子模拟器可以更有效地预测超导体的性能。未来，量子模拟器甚至有可能揭示出高温超导体的原理，目前我们仍然无法对此进行解释。

此外，量子电磁学的研究可以推动传统计算机硬盘的读写速度的提高。当量子力学效应在系统中起主导作用时，费曼的这种方法都会是可行的。费曼和其他人发现，在传统图灵机器上模拟这样一个系统，将需要指数级的超多的计算步骤，也就是说，复杂度极高。因此，传统的计算并不是解决这些问题的方法。量子模拟的另一个主要优点是不需要对每个单独组件进行控制。因此，与其他量子信息的理论方法相比，量子模拟器具有显著的优势。我们需要区分静态模拟器和动态模拟器。静态模拟器研究的是相互作用的多粒子量子系统的静态特性,而动态模拟器研究的是系统失去平衡状态时表现出的复杂时间演化。可以采用不同的方式进行模拟:数字量子模拟器是基于量子电路的(见下文),也可以在量子计算机上实现。量子模拟器特别有潜力,因为它们可以预测相互作用的多粒子系统的时间演化。根据当前的技术我们发现,这类系统的意义甚至超过了超级计算机。系统使用的是不同的物理资源,如超冷原子气体或俘获离子,以及腔量子电动力学系统或光子凝聚。这一新兴领域的主要目标是研发出具有高度可控性和复杂性的多种平台。

2.5.3　量子逻辑门

传统的计算机使用具有一个或多个晶体管的逻辑电路来达到算法的机械实现。当今的微处理器具有数十亿个逻辑门,通常使用的是异或门(完全基于或函数),对应的是两个输入模 2 后的比 P. 130 特相加。也就是说,如果输入的比特不相同,门输出逻辑 1("真");如果输入的比特相同,门输出逻辑 0("假")。我们可以用电路图或真值表来象征性地表示异或门(见图 2.5)。

bit 1	bit 2	XOR	输出
0	0	→	0
1	0	→	1
0	1	→	1
1	1	→	0

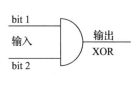

图 2.5　传统异或门

量子受控非门(CNOT gate)(见图 2.6)进一步扩展了异或的特性,它有两个输入和两个输出。真值表显示,第一个量子比特

（控制比特）的状态在门操作后保持不变，而第二个量子比特（目标比特）的值符合传统的异或逻辑。当控制比特设置为 1 时，将目标比特反转。同样，"随机"的特性也清晰地显示出来。当向前或向后运行时，逻辑门操作的结果完全相同。时间反转不变性是量子计算机的计算过程中的典型特征。另一个重要的区别是叠加态可以作为控制比特和目标比特，且能够在此基础上生成特殊的相关态。

P. 131

目标比特	控制比特	CNOT	新目标比特	新控制比特
0	0	↔	0	0
1	0	↔	1	0
0	1	↔	1	1
1	1	↔	0	1

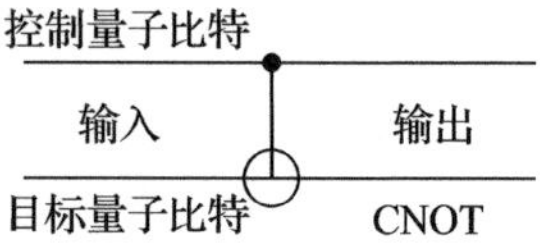

控制量子比特
输入　　　　输出
目标量子比特　　CNOT

图 2.6　量子 CNOT 门

纠缠态的生成

我们可以看出，量子并行性利用了叠加原理，是由几乎无穷多的线性组合来表示的，量子并行性能够使量子计算机获益。然而，还有一种现象也蕴含着这一原理：这就是爱因斯坦所说的"鬼魅超距作用"，即量子纠缠，它对量子计算来说是必不可少的。我们再来看看图 2.6。如果将输入的控制比特设置为叠加态 $|0\rangle + |1\rangle$，而目标比特设置为 $|0\rangle$，那么 CNOT 门生成的是纠缠贝尔态（无归一化因子）：

$$\phi = |0\rangle_{\text{control}} |0\rangle_{\text{target}} + |1\rangle_{\text{control}} |1\rangle_{\text{target}}$$

因此，量子比特通过门函数彼此纠缠。纠缠态的特征是它不能包含系统组件的各个部分态，它的状态是全新创建的，因此不能分解。用技术术语来说,它是"非乘积的",因为它不能写成单个量子比特状态的张量积。此外,叠加态(输入控制比特)是用一个阿达玛门(Hadamard gate)来生成的,阿达玛门还能生成寄存器中所有量子比特的叠加。如果我们认为两个或两个以上的量子比特是一种量子态,那么它对应的是寄存器中单个量子比特的张量积。这就是叠加量子比特(可以写成张量积)和纠缠量子比特(不能写成张量积)之间的形式区别。

通用量子门 P.132

我们应该注意的是,一般来说量子计算机不同于传统计算机,量子计算机不是通用可编程的。传统计算机中的任意电路都可以由若干个基本门构成(如与非门),量子计算机也可以类似地分解成若干个通用门。如果任何(单一)变换都可以表示为量子门的组合,那么这组(或"族")量子门被称为通用量子门。我们可以看出,与单量子比特门相关的 CNOT 门是通用的。单量子比特门的一个重要的例子是前文所述的阿达玛门(也称为阿达玛变换 H)。它用基向量 $|0\rangle$ 和 $|1\rangle$ 生成叠加态,即 $|0\rangle \rightarrow H \rightarrow |0\rangle + |1\rangle$,或 $|1\rangle \rightarrow H \rightarrow |0\rangle + |1\rangle$,每种的概率均为 50%。由于平方和的概率为 1(100%),因此这种表示省略了归一化因子。单量子比特门的其他例子还有泡利门、非门的平方根及相移门"族"。

将 CNOT 和单量子比特门结合,可以得到进一步的纠缠态,所以这种解释具有普遍性。因此,"通用"量子计算机在理论上是可行的。这一点非常有趣,因为这意味着从理论上来说,量子力学允许的任何变换都可以在量子计算机上实现。通过一定的扩展,我们不仅可以通过这种方式来运行任意的量子程序,还可以实现对许多物理系统的模拟。一些专家甚至认为,量子计算机可以绘制整个宇宙的地图。一台 300 量子比特的计算机其功能就像使用宇宙中每个原子作为存储单元的计算机一样强大。

P. 133 ## 量子计算机是如何计算的？

　　我们来看看基于多伊奇－约萨算法（Deutsch－Jozsa algorithm）如何模拟量子电路。所选的例子看起来似乎微不足道，但我们不要忘记，即使传统计算机也只能以这样的速度进行计算，因为需要在极短的时间内执行大量的操作。如前文所述，每当操作的次数呈指数级增加时，传统计算机就无能为力了。因此，我们需要新的方法。我们的任务是运用函数 $f:(0,1) \rightarrow (0,1)$ 向计算机发出的指令，即将 $f(0) + f(1)$ 之和进行模 2 运算（即 $0+0=0, 0+1=1, 1+0=1$ 和 $1+1=0$）。然而，输入的两个数字在一开始是未知的，计算机需要先进行检索。请注意，传统计算机需要调用两次函数才能计算出结果，因为调用一次函数只能得出一个函数值。

　　现在，我们交给量子计算机同样的任务，量子计算机只需要调用一次函数就可以计算出结果。因此，从理论上讲用一半的时间就可以解决问题。我们选择最简单的 2 比特处理器，将两个输入的基态作为量子计算机的输入态 $|0\rangle$。量子计算机的内部结构可以用量子电路来表示（见图 2.7），与传统计算机类似。这里，N 表示非门，H 表示阿达玛变换，U_f 表示函数调用。

　　从图 2.7 左侧的表格可以看出，测量值与函数的输出结果完全相同，即 $f(0)$ 与 $f(1)$ 的模 2 加。这里最具革命性的是，通过一次函数调用将所有函数值同时包含在叠加态中。虽然通过量子力
P. 134 学定律无法获知函数的精确值，但允许按照函数规则进行计算。这个例子说明，需要接到"适当的"任务，量子计算机才能充分发挥出其能力。总而言之，这个例子看似微不足道，然而对于某些非常

复杂的应用程序来说,由于计算量呈指数级增长,量子计算机能使计算时间减少几十亿倍,因此可以带来相当可观的速度提升。

输入	函数	输出	测量	模 2
$|0\rangle|0\rangle$	$f(0)=0$ $f(1)=0$	$|0\rangle|1\rangle$	0	$0+0=0$
$|0\rangle|0\rangle$	$f(0)=1$ $f(1)=1$	$-|0\rangle|1\rangle$	0	$1+1=0$
$|0\rangle|0\rangle$	$f(0)=0$ $f(1)=1$	$|1\rangle|1\rangle$	1	$0+1=1$
$|0\rangle|0\rangle$	$f(0)=1$ $f(1)=0$	$-|1\rangle|1\rangle$	1	$1+0=1$

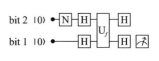

图 2.7　量子电路与仿真

2.5.4　原理

量子计算机用量子比特取代传统晶体管,是通过应用物理资源(如电子自旋或超电流)来实现的。我们可以用一个中心波函数来描述计算空间的指数级增长,该函数由所有可能的经典状态的叠加来表示。只有通过测量这一步骤才能生成具体的状态,其概率用波函数的振幅平方来表示。传统计算是在不同的处理器之间进行分配,与传统计算不同的是,量子计算需要将概率振幅进行构造排列,从而求出问题的解。因此,我们有时会将成功的量子计算比作一个配合默契的管弦乐队,其中乐队指挥负责控制节奏和乐句划分。不同类型的量子计算其实现原理也不相同,我们在这里简要介绍其中三种。

P. 135

电路模型

该算法模型与传统计算机极为相似(见前文的仿真),需要将包含量子电路和一次（或多次）最终测量的量子程序运行完才能得到计算结果。可以把测量结果理解为概率；可能要运行若干次程序才能确认结果。量子电路包含若干个量子逻辑门，这些逻辑门按照固定的时间顺序应用于量子寄存器。虽然单次操作可以可逆地执行（就像 CNOT 一样），但并不适用于完整的算法，其执行的是传统指令序列。如前文所述，通常所有操作仅限于单量子比特门和 2 量子比特门。将它们应用到一组量子比特上，读出结果并在最后将其显示出来，作为单量子比特测量的输出。具体来说，每种基态的制备都是用于计算的。算法执行时，一组通用量子门以预期的方式作用于量子比特。在计算基础上，量子算法是通过应用单量子比特门和 2 量子比特门来实现的。如前文所述，通常使用的是阿达玛门、CNOT 门、泡利门及相位门（在某些情况下，也包括多量子比特门）。这样就生成了所需的纠缠，从而能够使量子计算机提速。如果使用了任何辅助状态，则需将它们清除，以便在执行计算时不会对其他的量子比特产生干扰。在这些计算基础上，最后一次的测量得到了结果。需要注意的是，量子门代表的既不是技术元件，也不是电子元件，它是由一个或多个量子比特的物理操作组成的，操作的类型取决于实现方法。通常，原子的激发态会受到激光脉冲的影响，而核或电子的自旋则会受到磁场的影响。

P. 136

单向量子计算机

单向量子计算机同样也很强大。与电路模型不同的是，单向量子计算机是基于测量来进行计算的，在经典信息学中没有与之对应的概念。通常，第一步是生成一个通用量子态（通常是强纠缠的"多粒子态"），然后通过对该状态进行一系列有针对性的测量来完成计算。上一步的测量结果决定了下一步需要进行哪些测量。

因此,在开始时提供的是所有资源,然后通过一系列自适应的单量子比特测量来获得信息。换句话说,我们可以将该原理看成是一个囊括了世界上所有书籍的传奇之塔,人们从无数的书籍中选择出自己感兴趣的无限小的子集。

之所以称为单向量子计算机,是因为它在一开始时就提供了尽可能多的纠缠量子比特,然后通过测量单个量子比特来执行计算,因此输出状态的纠缠就不再可逆,从而是"单向"的。这一点与电路模型不同,电路模型通过应用相应的门操作使得纠缠不断增加。为了得到结果,需要同时使用传统计算机,因为测量取决于上一步的结果。这种基于测量的系统也构成了盲量子计算(blind quantum computing,BQC),也成为内在安全的量子云的基础。早在 2012 年,斯蒂芬妮·巴兹(Stephanie Barz)就在一次概念验证实验中实现了基于单向量子计算机的盲量子计算。

为了使读者对上述概念有更深入的理解,我们来看另一个例 P. 137
子。根据参量下转换原理,一个特殊的激光器生成两个纠缠的 EPR 对(即 4 个光子,其中 2 个光子是偏振纠缠的),然后利用偏振分束器将 EPR 对引入纠缠。我们可以将该系统看成是一个单向量子计算机,它的任务如下:一个寄存器中有 4 个比特,其中 3 个比特的值为 0,1 个比特的值为 1,请问哪个比特是 1?使用一台传统计算机平均需要检查 2.25 个比特,而使用量子计算机时只需要执行一个步骤,且正确率为 90%。也就是说,量子计算机运行 10 次,有 9 次能给出正确的结果,当然这只是理论上的结果。要想在现实中实现这类任务至少需要 100 个量子比特,但这在技术上几乎是不可能实现的。

绝热计算机（"量子退火"）

正是由于数量巨大的量子比特在技术上很难实现，科学家们一直在寻找一种"自然"资源，这就是量子模拟器这一概念的起源。

这种方法的核心是绝热量子计算机。该计算机将量子力学系统的基态缓慢地转换成另一种更容易阅读的状态。"绝热"一词来源于热力学领域，指的是不与周围环境进行热交换的系统。将其应用于量子计算机，就是指物理系统中的目标量子态不会丢失。根据量子力学定律，即使（处于基态的）量子力学系统发生变化，也会保持基态，前提是这种变化足够缓慢（绝热）。解决这一问题的思路是将问题的解映射到初始状态未知的量子力学系统的基态，然后生成第二个更容易制备的系统，并将其以绝热状态传输到第一个系统。如果这个过程发生得足够缓慢，那么目标基态将保持不变，且可以接着进行测量。初始状态绝热地变化到目标状态，在该状态下进行编码。在这种方法中，传统计算机需要将包含问题的状态进行"解码"。这一设计是由一家加拿大初创企业提出的，该公司多年来一直在这一原理的基础上提供商业应用。可以说，"量子退火"这一术语是人们更熟知的"模拟退火"的量子版本。它指的是一种启发式近似方法，当问题过于复杂时，可以求出粗略解。然而这一方法受到一定限制，因为典型运行条件下的绝热计算机不是通用量子计算机。绝热计算机主要用于解决最优化问题。

2.5.5　实现（示例）

我们已经对量子计算的基本原理有了一定了解，现在来讨论更为困难的具体实现的问题。为了达到这一目标，需要对迄今为

P. 138

止所学的知识进行彻底地重新审视和修改。在传统计算机中,信息的最小单位比特通常用一个电压值来表示,电压值要么高于某个值(1),要么低于某个值(0),量子比特则是用基向量$|0\rangle$和$|1\rangle$的线性组合来表示。如前文所述,对于量子计算机来说,单个量子比特没有意义。因此,关键问题在于如何才能研制出非常大的量子寄存器,使这种量子寄存器既适合作为存储介质,又可以进行操作和测量,毕竟,这需要能够生成极其复杂的叠加态或纠缠态。技术的挑战非常艰巨,因为任何与环境的相互作用都相当于是一种多余的测量,会损害或破坏量子的相干性。因此,需要一种近乎完美的屏障,以保证极为脆弱的量子比特能够有最好的稳定性。与模拟计算机类似,这些系统具有连续振幅(波函数),它们比传统的数字信号更容易出错。

P. 139

弛豫与退相干

实现量子计算机的根本困难在于弛豫、退相干和容错。解决这些困难的关键是需要找到一种架构,这种架构尤其适合扩展(增加量子比特数)。这里的一个普遍问题是容错计算,即无论量子比特的数量和距离如何,即便是不可避免的误码都不能通过不允许的方式篡改结果。此外,所谓的退相干的时间必须比门操作所需的时间长得多,以便通过误差编码来进行校正。弛豫时间是指制备好的量子系统进入稳态之前的独特时间段。在日常生活中我们都知道,当冰镇啤酒逐渐变成常温时(然后尝起来口感不太好),就是热平衡的过程。同理,对于量子比特来说,在一段时间后它会从状态$|1\rangle$跃出,进入状态$|0\rangle$。通常,发生的概率会随时间呈指数级增长。类似的发生概率随时间呈指数级增长的还有退相干,它表示量子叠加态的损失。退相干的量子比特的特性与经典比特的区

P. 140

别不大,因此是没有用的。显然,退相干和弛豫的时间必须足够长,这样才能进行可靠的量子计算。为了确保可靠性,实践中的时间远远不及一秒,此外这段时间内还必须进行量子误差修正,这是另一个挑战。根据不可克隆定理,冗余(完整复制、多重存储和数据比较)等传统方法可以完全排除。然而,将一个量子比特的部分量子信息传输到一个多量子比特的纠缠系统是可能的。因此我们可以生成一种代码,用它来缓存纠缠系统中量子比特的部分信息。然后对量子比特进行特殊的测量,这种测量不仅不会干扰相关的量子信息,还能发现误差类型的信息(综合测量)。这种测量方法可以用于判断量子比特是否被破坏,以及哪个量子比特是以哪种方式被破坏的,同时还可以使系统进入一种有助于后续纠错的状态。寻找可以在不同的量子比特上并行执行的、可扩展的、容错的量子系统和量子门仍然是当前研究的一项重要课题。以下是截至目前研究人员尝试过的无数种实现方法中的一部分。

离子计算机与网络

如前文所述,量子比特可以在带电原子(离子)上实现。我们能以很高的精度对这种离子量子比特进行控制和操作。利用宏观离子阱,可以在所有的逻辑门中获得精确的结果。但是这种方法受到比例的限制,即只能捕获和处理少数离子。此外,当捕获离子链的长度为 14 量子比特以上时,量子比特的特性与传统比特越来越相似。为了提高性能,我们可以使用一个小型量子互联网,其中的小型节点(每个节点具有若干个量子比特)相互连接,这一点已经得到了验证。我们也可以使用这一系统来进行量子计算,甚至可以用于更大的体系中。在腔量子电动力学的基础上,通过移动光子可以实现粒子的纠缠,与前文所讨论的量子接口技术类似。

P. 141

然而操作的速度相当慢,此外还需要大量的开关,这将会造成明显的光子损失。因此,首要任务是研发具有极低"损耗"的开关。一种新的方法是利用集成离子阱,即利用标准半导体处理器来实现微米级的芯片阱。因此,微波谐振器中的硅载体元件可以捕获具有定域磁场的离子。使用这种方法得到的结果比单独操作每个离子要好得多,特别是当激光必须超精密校准时尤其如此。另一个优点是可以将冷却能力降低(大约降低到 70 K = －203.15 ℃)。这一过程使用的是位于芯片模块上方的微通道中的氮气冷却。与需要更强冷却能力的传统超导体系统相比,这种方法的优势也很明显。另一种可行的方法是不再通过激光来读出量子信息,而是使用适合的计算模块。这些计算模块位于微型模块化真空室,且具有独特的纠错系统。总而言之,这是一个很有潜力的思路,但是P. 142需要大量量子比特来实现高性能速率,研究人员还有许多工作要做。然而如今涌现出众多的初创企业,这说明人们所持的态度是谨慎乐观的。

超导体量子比特

一般来说,超导体是一种在低于特定转变温度(通常非常低)时发生相变的材料。相变后,它能使流经的电流没有电阻。如今,这种奇特的量子效应已经在许多技术应用中占据了稳定地位,例如强磁场的产生及其高灵敏度测量。人们经常设想,未来的超导系统将能节省大量电能。

然而需要重点考虑的是达到冷却效果所需的能量,这一点使该技术的优势再次受到质疑。人们至今仍在理论层面讨论各种解释方法和模型。在实践层面上,人们重点寻找"热"超导体(能在室温下起作用的)。可能的应用包括未来磁悬浮列车上的高压线路,这种列车在进行移动时基本没有摩擦力。超导量子比特存在的可能性也大幅增加了量子计算机问世的可能性。举个例子，所谓的超导量子干涉器件是一种超导环，它的中心被一个非常薄的绝缘体隔断。电子对可以穿过微观狭缝"隧道"，同时叠加的量子比特包含流向不同方向的超流。然而，在经典物理学中完全不可能发生的事情，在量子理论中已经司空见惯了。目前在单量子比特门上的测试已经达到了 99.9％的准确率，即使是 2 量子比特门，准确率也达到了 99.4％。此外，这种"准确率"（误码率的度量）的误码是可以接受的，因此可以实现一定数量的量子比特。

P. 143

　　尽管该系统得益于设备的微型化设计，但它仍存在一些缺点。其中一个缺点就是纳米电缆间的"串扰"。由于受到这种影响，三维结构几乎无法实现（从容错的角度来看，这是有益的）。然而最显著的缺点是相关超导体只能在接近绝对零度（-273.15 ℃）的温度下工作。正是由于受到冷却能力的限制，所以该系统实现起来会存在相当大的挑战。人们主要通过谷歌的"量子部门"来熟悉和了解这一应用。

光子计算

　　在早期的方法中，基于多个光子的量子计算方法没有成功，因为当时生成和操作纠缠光子对的方法还不够先进。目前，这种情况已经得到了改观。基于所谓的相干光子转换，现在我们可以在不破坏量子信息的情况下，使光子之间进行特殊的相互作用。因此，可以将两个不同波长（不同能量）的单光子激光器的光同时引入光纤线路。总体的效果是可以将相关的单光子态转化为双光子态。一般来说，光子不会与光子进行相互作用，我们从两个手电筒的光束可以交叉但不相互影响的现象中可以看出这一点。从某种意义上说,光子是独立的,因此它们能够非常有效地携带量子信息。这也构成了线性光学的基础,线性光学假设材料的光学特性与入射光的强度无关。 P. 144

然而为了将光用于量子计算机,需要让光子之间产生相互作用。这可以通过高度非线性的光学材料来实现,这种材料的性能受入射激光强度的影响。前些年,来自维也纳大学、日本和澳大利亚的物理学家提出了这项技术。但是不可完全预测的 2 量子比特操作和光子损耗仍然是这项技术面临的重大挑战。而近期的理论突破与技术发展相结合,使得该技术成为量子计算机行业中的一个有力的竞争者。应用该技术的系统结构采用的是与单向量子计算机类似的方法。利用纳米制造技术能够在单芯片上实现光学元件小型化,使制造出每个芯片上含有数百万个元件的光学量子计算机也有望成为现实。事实上,目前只有光子探测器需要冷却设备,而且从长远来看,未来也许不再需要冷却设备,这将会是另一个优势。近期研究表明,三光子态也可以通过类似的方式生成,这为量子计算机的实现开辟了新的途径。

2.5.6 量子优越性

"量子优越性"的概念是当前量子计算机发展的里程碑。这个概念(略有点模糊)是由美国理论物理学家约翰·普雷斯基尔(John Preskill)提出的,它指的是量子计算机的计算能力将首次超越超级计算机(至少在特定应用方面)。多年来,许多研究团队,比如 IBM 和谷歌这样的高科技巨头,一直在为实现这一目标而努力。 P. 145 加州大学圣巴巴拉分校谷歌研究实验室的约翰·马丁尼斯(John Martinis)就是一名对此持乐观态度的研究人员。他召集顶尖科学家,一起建立了一个 22 量子比特的原型,该原型共 2 排,每排有 11

个量子比特。接着，使用一个基于超导量子比特的 7×7 格式的量子芯片。与他在马里兰大学的同行克里斯·门罗（Chris Monroe）实现的离子计算机相比，马丁尼斯所建立原型的量子比特数量更多。相关组件包括一个从金属箔上切下的长约 0.5 mm 的小金属十字架，末端是一个包含两个超导层的约瑟夫森结，超导层之间是一个非常薄的绝缘体，类似于超导量子干涉器件。然后将这一"三明治"冷却到接近绝对零度的温度。现在它的性能只能用量子力学来解释。由于量子力学的隧道效应，电子可以穿过绝缘层，将整个结构变成量子比特。这是可能实现的，因为叠加原理和超导体技术使得电流能够同时向两个方向流动。这一情况可以通过 GHz 范围的微波进行控制和读数。还可以利用电磁辐射来使量子比特纠缠在一起。当然，这首先是一项系统测试，目的是将量子计算机从单纯的基础研究转向具体的技术应用。只有少数量子门是随机切换的，这种效果本身不会生成可用的算法。不过，马丁尼斯很乐观，他认为项目走上了正轨。最重要的是量子比特的质量和低误码率，在量子比特退相干之前，能够进行几百次运算。根据报道，谷歌宣布已经实现了"量子优越性"。在学术期刊《自然》的一篇文章中，谷歌声称已实现将 54 量子比特的量子计算机"Syncamore"（实际上有 53 个量子比特在工作）运行 200 s，执行的运算次数需要超级计算机"Summit（顶点）"（IBM 拥有）运行数千年的时间。但是谷歌的竞争对手 IBM（同样拥有 53 量子比特处理器）对这一说法提出质疑。一篇论文对这项工作进行了概述，指出超导处理器 Syncamore 能够执行抽样随机计算，且它比任何传统计算机都要快，速度是传统计算机的指数级。IBM 对此说法进行了反驳，声称应该在量子优越性的定义上设置更高的门槛。IBM 坚持认为，通过巧妙的编程，传统计算机也能够在几天内解决同样的问题。然而一些专家认为,IBM 的说法很难评判,而且不会对谷歌的成果造成太大的影响。尽管我们可能还需要几十年的时间才能实现真正强大的量子计算机,但是谷歌迈出了这一漫长征程的重要一步。

竞赛已经开始

量子计算机的竞赛早已开始。除了美国各大 IT 巨头外,欧洲和中国也是重要的竞争者。目前,已有知名公司通过互联网提供量子计算机的接入访问。但这与真正的量子云(强大的盲量子计算)无关,当前的技术仅仅是一种对量子计算基础和未来可能应用的入门级科普。然而其基本思想是面向未来的,未来全世界都可以直接参与到量子软件的研发或使用中。不过,我们现在还不应该把期望定得过高。与传统计算机的发展相比,量子计算机才刚P. 147刚起步。我们知道,早期的计算机性能与如今的标准水平相去甚远。此外,今天我们生活在一个高科技时代,能够在更短的时间内实现技术飞跃发展。通过互联网进行全球交流也有助于实现这一点,科学研究正处于不断的国际交流之中。在通往量子计算机的道路上,主要的科学挑战包括准确率应尽可能接近 100%,以便为有效的纠错程序提供保障。我们需要记住,在实现中仅仅 0.1%～1% 的误码率就需要大约 10000 个额外的量子比特用于冗余纠错。因此,系统需要避免问题以这种荒谬的方式增加复杂性。同等重要的还有相干时间和逻辑门速度。为了能够实现有意义的误码算法,还需对量子比特的初始化、读数的质量及速度进行改进。最重要的一点是寻找可扩展的体系结构。这就需要生产相应的芯片,还需要通过研发合适的操作控制系统来对控制电压、激光、无线电波或微波脉冲进行优化。毕竟,传统的硬件和量子计算机的硬件需要实现最佳的匹配。更远的发展目标是量子计算机与传统半导体制造工艺的兼容。目前，虽然专家们都还没有做出具体预测，但都认为 10~20 年内可能实现第一次真正的突破。一旦实现了这重要一步，后续的发展可能会非常迅速，实现我们难以想象的技术飞跃。然而，在这一天到来之前，我们必须找到能够解决刚才提到

P. 148 的几个巨大的技术难题的方法。从物理学的角度来看，退相干的问题能得到多大程度的解决，是特别有趣的一件事。

　　量子计算机还与商业有关，涉及这项技术的潜在市场价值及全球的相关投资，而且后者对许多国家而言，无疑发挥着重要作用。然而，即使实现了"全面量子优越性"，即量子计算机在算法相关方面首次超越传统计算机，那么我们能得到什么？成本和复杂度将在很大程度上限制其发展。当然，传统计算机的发展也从未停止。目前传统计算机已经可以满足日常使用，而且性价比要高得多。杀鸡为什么要用牛刀？显然，企业实验室面临一定的压力。量子计算机是未来的商品，伴随着高风险。这样的前景可能会让那些已经在相关初创企业投下数亿美元赌注的投资者望而却步。然而，考虑到其他方面的高收益，作为战略投资的量子计算机当然值得冒这些风险，因为在未来它的价值可能会爆发。此外，量子计算机与传统计算机的比较具有误导性。量子计算机将永远不会替代传统的计算设备，它是用于处理那些无法用传统方法解决的难题的特殊工具。事实上，当量子比特数在大约 50 个以上时，量子计算机就可能因自身的复杂性而宕机，无法继续解决问题，这就是量子计算机的客观现状。

P. 149 　　归根结底，未来的量子计算机是一种独特的、创新的、全新的解决方案。在量子计算机对科学发挥的价值方面，约翰·普雷斯基尔说，我们不应该误解或高估量子优越性，退相干问题使得目前的研究仍处于初始阶段（"嘈杂阶段"）。无论如何，量子计算机绝

对是"最热门的商品",将对人类产生革命性的影响,也是未来信息技术中最令人兴奋的问题。

2.6　防窃听的数据传输

发送的秘密信息未经授权的人无法阅读,这一诉求已经存在了数千年。已知最早的证据是公元前三千年的古埃及密码。中世纪时期,各种密码主要用于外交和医疗通信。其中广为人知的是第二次世界大战中德国人使用的恩尼格玛密码机,该密码机被艾伦·图灵(Alan Turing)所领导的盟军科学家破解。第二次世界大战后,作为一门数学学科的科学密码学应运而生,其创始人是克劳德·香农(Claude Shannon)。当今社会全面数字化、网络化,与信息安全主题密切相关。信息安全领域追求的目标包括数据储存保护和数据的保密性、完整性、真实性及不可抵赖性等,还包括针对防止未授权访问、数据篡改、伪造及冒用的保护措施。

2.6.1　传统加密

P. 150

密码学这一庞大的领域里有无数可选的方法和算法。然而,它的加密过程可以分为三种基本类型:对称加密、非对称加密和混合加密。对称加密是最简单的,每个通信方都使用一个密钥。除了通信双方外,任何人都不知道此密钥,并且只能使用一次。各自的文档用密钥进行加密,然后通过互联网发送。收件方使用密钥对密文进行解密,得到明文。这种加密系统易于使用,因此适合大量数据的快速传输。系统的安全性主要取决于密钥长度。为了说明原理,我们举个例子。如果密钥只有 1 字节长,它对应的是 8 比特二进制数的随机序列,那么该密钥有 $2^8 = 256$ 种可能。该密钥自然无法提供较好的保护，因为使用"暴力破解攻击"的计算机很容易就能穷举出所有 256 种可能，从而可以快速找到正确的密钥。如果密钥长度为 256 比特，那么该密钥有 $2^{256} \approx 10^{77}$ 种可能，几乎等于整个宇宙中所有原子的数量！如果用该密钥对视频会议进行实时加密，那么比特率将达到若干 Mb/s。黑客成功地进行穷举攻击的概率为零，即使他有超级计算机，这一结论仍然成立。因此，安全性主要取决于密钥长度（以及比特序列的随机性）。然而这种方法仍然存在风险，因为实际使用的密钥总是通过算法来生成的。计算机无法生成真正的随机数，只能生成"伪随机数"。这就使得这类系统容易受到攻击，因为它的安全性有一个重要前提，即所有可能的比特序列具有完全相同的概率。那么对称加密的决定性问题就在于从发送方到接收方的密钥分配。在实际使用时，信息总是通过互联网传输的，因此在任何时刻都可能被窃听，况且任何时刻的密钥存储都不需要授权。

P.151

通常，非对称加密可以提高安全性。例如，流行的 RSA 加密就是基于大数分解问题。加密过程有一个公钥和一个私钥，这两个密钥都必须保密。公钥和私钥在数学上的联系是，使用公钥加密的信息只能用相应的私钥进行解密。为了将文档从 A 传输给 B，要用公钥对数据进行加密然后发送，接着密文只能用接收方的私钥才能打开。然而要使这种方法奏效，需要确保将正确的公钥分发给接收方。重要的是，加解密功能是不可逆的（或恢复难度极高），否则，攻击者可以通过公钥来计算或重构私钥。在实际中这一点通常是通过所谓的单向函数来实现的。然而如果考虑数字签名，那么公钥也可以进行双向认证。加密系统不仅可用于保护信息的机密性和完整性，还可用于保护信息的真实性和不可抵赖性。但是我们无法用信息论中对称加密的安全性来对非对称加密的安

全性进行等价评估,因为对于一个足够强大的攻击者来说,总有可 P. 152
能破解用于加密的数学问题。如前文所述,量子计算机就有能力
做到这一点。

从本质上来说,单纯的非对称加密是非常缓慢的。因此,人们
使用混合加密方法将对称加密和非对称加密综合使用。在混合加
密过程中,首先使用随机生成的电子密钥(会话密钥)来对需要传
输的文档进行对称加密。在数据量非常大的情况下,混合加密方
法具有很大的速度优势。接着使用接收方的公钥对会话密钥进行
非对称加密。然后通过相互加密消息,将这两个信息(加密文档和
加密会话密钥)发送给接收方。解密时,首先用接收方的私钥对会
话密钥进行非对称解密。这样接收方最终能得到会话密钥,用于
对文档进行对称解密。事实上,实践中采用的几乎都是混合加密
系统。由于通常用户数据量比较大,因此所使用的对称加密具有
速度优势。此外,会话密钥通常相对较短,因此缓慢的非对称加密
的影响不大,且能将密钥分发的风险降至最低。

人们通常使用哈希方法来从任意长度的信息中生成唯一的指
纹,其背后的原理比较简单。发送方用需要保护的信息生成哈希
值(例如,数据的二进制位数之和),并将哈希值与信息一起发送给
接收方。然后接收方计算所接收数据的哈希值,并将其与发送方
发送的哈希值进行比较。如果两个值一样,那么信息在传输过程
中没有被篡改。这正是哈希加密的难点所在:一方面,哈希加密能 P. 153
够在短时间内管理较大的文件;另一方面,哈希值是明确的。这两
点都使篡改信息变得极其困难。

上面的几个例子只是目前的数字安全技术的一部分。与此同
时,研究人员正在研究其他各种具有巨大发展潜力的方法。未来
这一新兴行业将变得越来越重要,从事这一工作的 IT 专家数量也

将不断增加。

一次一密

数字加密的一种直截了当的方法是对称的一次一密（one - time pad，OTP）。一个人、一个通信方或一台计算机（我们称其为爱丽丝）希望通过互联网向另一方（鲍勃）发送加密数据。爱丽丝对她的信息进行加密，并通过互联网进行公开发送。鲍勃用只有他和爱丽丝知道的秘密密钥（私钥）对接收到的密文进行解码，得到明文信息。例如，通过异或运算（XOR）来对二进制数求和，有 $0+0=0, 0+1=1, 1+0=1$，以及 $1+1=0$。也就是说，爱丽丝用二进制数对她的信息进行编码，并通过私钥的模 2 加来生成密文。鲍勃将密钥与密文进行模 2 加，得到明文。示例如图 2.8 所示。

加密
$$0110101 \quad 明文$$
$$+0101011 \quad 私钥$$
$$=0011110 \quad 密文$$

解密
$$0011110 \quad 密文$$
$$+0101011 \quad 私钥$$
$$=0110101 \quad 明文$$

图 2.8　一次一密示例

尽管该过程十分简单，但在满足以下条件时，我们可以认为该过程是百分之百安全的，即从信息论的角度来说是绝对安全的。

1. 密钥必须是绝对独创的，并且只能使用一次，即便是密钥的一部分都不能重复使用。

P. 154 　　2. 密钥长度必须至少与要发送的数据一样长，这样暴力破解攻击就无法成功。

3. 密钥必须保密,即只有爱丽丝和鲍勃知道。

4. 生成的密钥完全是随机分布的。

5. 不存在人为的错误或共谋。

因此,一次一密满足一条重要的原则,即安全性不依赖于算法的保密性,而取决于密钥的保密性。如前文所述,在实践中,若不符合条件 4 将会产生严重的安全问题,也就是说,单纯的对称加密在今天已不再适用。然而通过与量子技术相结合,就能够以一种理想的方式解决这个问题。

2.6.2 量子密钥分发

当今的信息技术中的一个核心问题是缺乏物理安全,也就是说,人们总是可以随意复制和截获经典信息。因此,攻击者随时可能进行未授权访问或将信息用于犯罪活动。即使最新的安全系统也通常都只是为黑客或攻击者设置障碍,使其更加难以获取数据。P. 155在大多数情况下,安全性完全基于数学问题的难度,以及估且认为攻击者的计算能力有限。而这正是量子物理学能够发挥作用的地方。量子密码这一术语通常是指将量子力学效应作为加密解密过程的一部分。在目前人们正在研究的几种方法中,最重要的是量子密钥分发。它为解决对称加密中的密钥分配问题提供了一套很有潜力的解决方案,其目标如下:

1. 爱丽丝和鲍勃同意使用一个共同的秘密私钥,攻击者伊芙无法通过任何方式来窃取。

2. 通过内在安全的量子信道来传输量子密钥。这种方法的安全性基于伊芙的任何窃听企图都会改变量子信道,从而立即暴露黑客攻击。尽管伊芙可能试图复制量子态,但根据不可克隆定理,她无法实现对量子态的完美复制。

3. 爱丽丝和鲍勃需要对信息进行安全验证，防止伊芙冒充爱丽丝或鲍勃。在这种情况下，量子密钥分发的安全性证明其可以抵御无限的攻击，这在传统的密钥交换协议中是不可能的。

加密协议

P. 156　一般来说，量子密钥分发系统通常包含两个阶段。第一阶段，生成一串真正的随机数。第二阶段，将生成的量子密钥用于传统加密，并通过普通的互联网完成发送。简单的对称加密，如一次一密，就可以做到这一点（量子技术证明了它是安全的）。由于密钥是由量子随机生成的，即基于自然界的客观随机性产生的，所以攻击者无法通过算法来"重新计算"密钥。此外，生成的每个比特序列都具有完全相同的概率，且能够提供的不同密钥的数量是一个天文数字（取决于密钥长度），因此我们认为该过程是最安全的，至少是有史以来最安全的。即使对于超级计算机来说，暴力破解所需的时间也可能长达数千年，甚至更久。量子密钥分发（及变体）通常包含上述两个步骤。

BB84 协议

这是量子密码中最流行的协议。1984 年，两位物理学家，查尔斯·H. 贝内特（Charles H. Bennett）和吉勒斯·布拉萨德（Gilles Brassard），在 IBM 提出了该协议。然而协议的基本原理可以追溯到斯蒂芬·J. 威斯纳（Stephen J. Wiesner），他在 1970 年左右提出了该原理。BB84 协议是基于单量子比特的，一般情况下通过光子的偏振或相位来实现。传输则是通过光纤电缆或视线范围内的直接连线实现的。政府和公司及其战略投资伙伴使用的大多数商用设备都与本协议有关（根据制造商的说法）。在 2007 年的瑞士议会选举中,运用该协议人们将日内瓦投票站的结果传输到伯尔尼,距离大约 100 km。

Ekert 协议

P. 157

这种方法的技术虽然复杂得多,但非常有潜力,它是由阿图尔·埃克特(Artur Ekert)于 1991 年提出的。与 BB84 协议形成鲜明对比的是,这种协议产生了纠缠量子比特。1999 年,安东·蔡林格和他的团队首次在 360 米的距离上实现了量子光学实验。2004 年,该团队首次利用量子密码技术实现了资金转账,在媒体上引起了不小的轰动。时任维也纳市市长的迈克尔·海普(Michael Häupl)见证了该笔资金从 1.5 km 外的一家银行转账到维也纳市政厅。2017 年 9 月 29 日首次成功实现了的洲际量子通信,就使用了这项量子技术(见 1.4 节)。

Ekert 协议的步骤

步骤 1 ——认证

首先,爱丽丝和鲍勃必须确保伊芙无法冒充他们中的任何一人。通过许多种量子方法都可以做到这一点,即使用"量子密码"。此外,还必须建立一条经过认证的经典信道,该信道可能会被截获。

步骤 2——量子密钥分发

将特定的单量子比特从发射纠缠粒子的源发送给爱丽丝和鲍勃,测量时,量子将随机地衰减为其本征值:0 或 1。通过多次的测量,爱丽丝和鲍勃从没有明确关联的结果(非相关比特)中,筛选出具有明确关联的结果(相关比特)。因此,他们需要一条经典信道。

步骤 3——纠错

通过特殊流程（如奇偶校验、隐私增强等）对实践中不可避免的测量误差进行修正。

P. 158

步骤 4——攻击测试

只有当纠缠最大程度地保持完好无损时，才能保证真正的安全。否则，系统就会部分或完全退相干。我们可以通过计算贝尔不等式来进行统计记录，如果该不等式成立，则认为存在窃听攻击或技术问题。通过这种方法，可以立即发现所有的窃听攻击，同时可以对系统的功能进行检查。

步骤 5 ——一次一密加密

在完成上述步骤之后，进行实际数据的传输。量子密钥（由纠错后的相关比特组成）用于对称加密，如一次一密，并通过普通互联网进行发送。

步骤 6——破译

鲍勃接收密文并用他的私钥进行解密。量子密钥分发的特殊之处在于密钥不会从一个位置传输到另一个位置，而是通过测量的过程由爱丽丝和鲍勃"自己创造的"。系统的内在安全性基于不可克隆定理，从而使得量子比特无法被截获。

2.6.3　纠缠光子的量子密码

下面给出一个具体实验，详细说明基于 Ekert 协议的量子密钥分发方法（见图 2.9）。实验可以在基于卫星的系统（量子卫星）及光纤网络中实现。例子中的量子信息是在光的偏振（偏振面）中进行加密的。然而从理论上来说，其信息也可以通过相位或能量-时间的不确定性来生成。爱丽丝和鲍勃通常表示两个人/通信方/计

算机,他们希望互相发送内在安全的防窃听数字信息。在量子卫
星中(如太空量子实验),爱丽丝和鲍勃表示观测测量设备。实验
中的纠缠源是非线性晶体,纠缠度会受到并未描述的额外因素的
影响。可控的偏振移位器根据设置来改变线性偏振光的偏振面。
偏振分束器将激光分为水平偏振光和垂直偏振光,通过探测器来
测量单光子。

P. 159

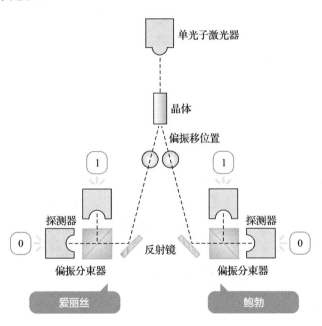

图 2.9　Ekert 协议的实验示意图

实验设置

P. 160

　　纠缠源根据参量下转换原理生成大量的最大纠缠光子对。首
先,爱丽丝测量一个光子,鲍勃测量另一个光子。光子通过偏振移
位器和偏振分束器,然后在探测器 D 处进行测量。根据偏振移位

器和偏振分束器的相对位置，偏振分束器中的光子要么被传输要么被反射。最后将这两个方向任意地指定为二进制数 0 或 1。在我们的示例中，0 表示被传输，1 表示被反射。

测量数据的收集

纠缠源每次生成一个粒子对后，两个偏振移位器都是完全随机和独立的（两种情况下的概率分布都应相同）。爱丽丝将其偏振移位器设置为 0°或 30°，鲍勃将其偏振移位器设置为 30°或 60°。因此，两个偏振移位器有 4 种组合：(0°,30°)，(0°,60°)，(30°,60°) 和 (30°,30°)。然而，只有在 (30°,30°) 的情况下才能生成理想的纠缠关联。如果鲍勃的测量结果为 1，那么爱丽丝的测量结果也必定为 1，而当鲍勃的测量结果为 0 时，爱丽丝的测量结果必定为 0。在这种情况下，则称这两个比特是相关的。然而，究竟结果是 0 还是 1 完全取决于客观的量子随机性（见 2.6.3 节）。而对于其他的角度对来说，都不会产生完美的相关性，也就是说，不能确定爱丽丝和鲍勃测量的二进制数是否相同。在这些情况下，两个比特是不相关的。将每次的独立测量结果按顺序进行记录，这样爱丽丝和鲍勃可以得到相关比特和非相关比特的列表。

窃听测试

当列表上的纠错比特数达到一定数量时，将进行统计评估。

P. 161

在此基础上，可以计算出贝尔不等式是否成立的概率。如果贝尔不等式不成立，则证明比特生成过程中的纠缠是完好无损的，且可以认为量子信道是安全的。此外，如果贝尔不等式成立，那么意味着量子信道已经遭到窃听攻击或存在技术缺陷，且可以认为传输是不安全的。贝尔不等式可以通过多种方式表示出来，用于解释各种实际问题，如流行的 CHSH 不等式。在我们的例子中，列出了以尤金·维格纳（Eugene Wigner）的名字命名的不等式。对于指定的角度或贝尔态 Φ_+（即指定角度的纠缠态），维格纳不等式如下所示：

$$P_{++}(0°,30°) < P_{++}(0°,60°) + P_{+-}(0°,30°)$$

式中，P 表示爱丽丝和鲍勃测量指定角度对的组合概率；P 的估计是事件发生的相对频数；符号"＋＋"表示完全相关。根据大数定律，在经过足够多次数的测量后，这一估计是可靠的。例如，如果维格纳不等式的结果是 $0.35 < 0.13 + 0.13$，那么显然不成立。在这种情况下，我们可以断定量子信道没有受到攻击。

量子密钥

上面例子中的维格纳不等式使得攻击者无法成功实施窃听攻击。所以，在下一步中，爱丽丝和鲍勃把相关比特和非相关比特区分开。他们得到的结果是一组纠错后的相关比特，即生成的量子密钥。与传统信息技术相比，量子密钥有如下特点：

1. 是直接由爱丽丝和鲍勃生成的，没有通过互联网进行传输。P.162

2. 每次都是绝对独立的，原因在于量子随机性。

3. 是一个真正的随机序列，而不是由计算机算法生成的伪随机序列。

由于客观随机性是不可约的（通过贝尔定理间接证明），因此量子随机数是最好的随机数。

需要注意的是，真正的随机序列不是通过偏振移位器生成的，而是通过偏振分束器生成的（见 2.6.3 节"更多详细说明"）。

在一次一密中的使用

见 2.6.1 节。

内在安全性

如前文所述，伊芙是一个未经授权的人/通信方/计算机，她想要窃听传输的数据。伊芙有两个选择，她可以选择攻击经典信道，也可以选择攻击量子信道。

对经典信道的攻击

为了生成量子密钥，爱丽丝和鲍勃需要一条经典的信道，即传统的 IT 连接。乍一看，这似乎是一个值得攻击者进行攻击的目标。但是应该注意的是，爱丽丝和鲍勃交换的只是角度的列表，而不是具体的比特序列。这些信息对通信双方来说就已经足够了，因为他们知道，只要他们的角度相同，就能得到完美的相关比特。通过改变探测器的设置，他们可以决定是 0 还是 1。此外，伊芙永远无法知道相关比特的值，因为通信双方的值都是客观随机的。即使伊芙得到的信息是通过（30°，30°）角度对生成的完全相关比特，但她无法知道每个比特究竟是 0 还是 1。最后，伊芙可以选择攻击一次一密加密密码并尝试使用暴力攻击来进行破解。然而由于量子密钥分发满足一次一密使用的所有安全标准（这在传统的密钥分配中是很难做到的），这种攻击也将必然以失败告终。

P. 163

对量子信道的攻击

一般来说，伊芙攻击量子信道有三种方法。

攻击 1：伊芙对纠缠源和探测器之间的直接连线（或光纤链路）进行监听。要做到这一点，她必须对光子的偏振态进行测量，而这会自动干扰整个量子态，并改变测量的统计数据，这样维格纳不等式就成立了。当然,爱丽丝和鲍勃会立即注意到这一点,并将生成的量子密钥丢弃。

攻击 2:伊芙直接监听纠缠源,例如,将生成的量子密钥传输到秘密位置。然而这也是无法实现的,因为在爱丽丝和鲍勃的测量过程中,这些比特是客观随机生成的,而不是在纠缠源中创建的。伊芙的测量行为最终会再次得到与攻击 1 相同的结果。只有当整个量子态与伊芙同时存在,且独立于爱丽丝和鲍勃时,这种攻击才可能会成功。攻击至少需要对量子信息进行(完美)复制,但根据不可克隆定理,这点在物理上是无法实现的(见 2.1 节)。我们可以想象一下,爱丽丝和鲍勃的测量设备可能会秘密地将生成的量子密钥进行传输并将其存储在传统计算机上。当然,爱丽丝和鲍勃必须确保他们的设备没有受到任何形式的控制。 P.164

攻击 3:伊芙进行中间人攻击。为了达到目的,她取代纠缠源的位置,并冒充纠缠的光子对。爱丽丝和鲍勃可能没有意识到这一点,但即使在这种情况下,维格纳不等式仍然会成立。原因是伊芙只能通过传统的物理方式进行攻击,所以根本就无法生成纠缠。然而由于维格纳不等式是判断纠缠是否存在的直接依据,因此这种欺骗攻击也会自动暴露出来。

> **更多详细说明**

参量下转换

本例中,单光子源生成波长为 405 nm(蓝光)的光子。光量子通过非线性晶体系统,每个蓝光光子生成一对双波长为 810 nm 的纠缠红外光子。以这种方式生成的光子对会沿着一个圆锥体运动,也就是说,它们可以以一定的概率描述锥体对应的所有方向。

为了生成纠缠，需要将两个非线性晶体放在一起，这样就形成了两个部分重叠的锥体。在这些重叠区域内，粒子是不可区分的（即存在某种信息丢失），这是纠缠的一个重要前提。纠缠度可以通过附

P. 165

加元件来调节，如偏振旋转器和移相器。在给出的例子中，可以生成四个不同的最大纠缠态（所谓的贝尔态），具有不同的偏振。

马吕斯定律

当偏振光通过分析器时，其偏振面会根据滤光片的位置旋转。这表明随着旋转角度的增加，透射光的强度（亮度）越来越低，角度为 90° 时，不存在任何光的透射。根据马吕斯定律，光强的减少与角度的余弦平方（$\cos^2$）成正比。此外，如果偏振光通过偏振光分束器，当角度为 45° 时，将有一半的光被透射，另一半被反射。在其他角度的情况下，会有其他比率。当角度为 30° 时，比率分别为 75% 和 25%。从量子的角度来看，单个光量子通过分束器时，光子是透射还是反射，这一点是客观随机的。尽管总体统计数据显示出上述的百分比，但单个量子力学事件还是受到绝对随机性的影响。需要确保角度不是 0° 或 90°，这一点很重要，否则光子要么全部透射，要么全部反射，这样光子就无法起到量子随机数生成器的作用。

光子量子比特

我们回到 2.5.1 节的四分之一圆上的线性组合示意图（见图 2.10）。现在将该方法扩展到整个圆上。首先，这样不会改变基向量的因子 a 和 b，只不过现在 a 和 b 也可能是负值。因此，我们将

P. 166

条件设置为 a 和 b 的平方之和必须等于 1，其中因子 a 和 b 通常是复数。通过这种方式构成的量子比特可以直接与光子的偏振相关

联。正如量子比特存在无穷多种状态一样,从理论上来说测量光
子的偏振态也同样存在无穷多种可能。因子 a 和 b 的平方分别表
示测量值为 0 或 1 的概率。如果入射光子在任何方向上都是线偏
振的,且与偏振分束器水平面的夹角为 0° 或 90°,那么概率 $P=1$
(100%),即测量结果始终为 0 或 1。如果角度为 45°,那么客观随
机的测量值为 0 或 1,概率均为 $P=0.5$(50%)。在这些(及其他所
有)情况下,概率结果都符合马吕斯定律(见上文)。总而言之,量
子网络端节点上的单量子比特是量子随机数生成器最简单的形
式,可用于量子密钥分发。

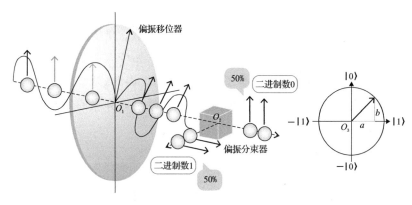

图 2.10　量子比特的表示和测量(光子实现)

P. 167

2.7　量子隐形传态

将物理对象(最好是人)从 A 传送到 B,这一方法在科幻小说
中司空见惯。

举个例子,影视系列剧《星际迷航》,其早期的系列在几十年前
十分热门。"斯科蒂,把我们传送到外星球。"这是一句经典台词。

接着，一种未来技术将宇航员分解成原子，并把原子传输到星球表面，然后进行重新组装。宇航员安全地完成任务后，再次被传送回飞船。这种情节似乎与任何真正的科学都相去甚远。事实上，关于隐形传态的科普书籍似乎突然出现在全世界的畅销书排行榜上。让公众更惊讶的是，"隐形传态"一词开始出现在科研论文中。

P. 168

经过证明，隐形传态确实存在于科学界，然而它没有科幻作品中描述的那么强大。这种隐形传态传送的不是物理对象，更不是人类，而是量子信息，将其安全地从 A 位置传送到 B 位置。量子隐形传态无法以超光速来传输信息，这点完全符合爱因斯坦的相对论。量子隐形传态的非凡意义在于，它可以将特别制备好的量子态进行完整地传输，且测量不会对其产生影响。量子隐形传态也可以传送完全未知的状态，特别是纠缠态。如今有关量子比特的传输及量子中继器的实现有了全新的技术。因此，量子隐形传态是量子互联网中非常有潜力的方法，也为量子计算机的量子比特处理开辟了新的路径。

2.7.1　量子比特的隐形传态

量子互联网能将量子比特从发送方（爱丽丝）传输到接收方（鲍勃）。在远距离量子通信中，爱丽丝和鲍勃在空间上的距离比较远。此外，在量子计算中，传统的空间距离又非常近，然而我们可以将量子隐形传态的基本原理应用于这两种情况。与经典比特不同的是，不改变量子态就无法测量量子比特，这是退相干效应的结果。因此，状态在被传送之后，就无法再次在发送方进行重建。因此，需要在发送方和接收方之间建立一条经典的通信信道（例如，传统的 IT 连接），其传输速率无法超过光速。此外，量子比特会通过一条特殊的量子信道进行超光速的瞬时传输。因此，爱丽丝和鲍勃

需要将最大纠缠的量子态作为他们的资源,然而这种资源在隐形传　P. 169
态过程中会被破坏。需要注意的是,即使传输的状态完全未知,量子
隐形传态也能实现。而且这种状态还可以与其他系统生成纠缠,它
与初始状态和目标状态存在于哪个物理系统中无关。

光子隐形传态

为了便于说明,我们看一个例子。爱丽丝想把光子的偏振态
传送给鲍勃。因此,爱丽丝和鲍勃首先从相互纠缠的 EPR 源接收
光子(见图 2.11)。然后,爱丽丝对自己的 EPR 光子和她想要传送
的状态进行一种特殊的贝尔测量。由于纠缠的原因,这次测量过
程导致鲍勃的 EPR 的量子态瞬间改变。测量结果是客观随机的,
因此被测量的状态是未知的。爱丽丝通过经典信道将结果告诉鲍
勃,接着,鲍勃对自己的状态进行操作。通过这种方法,他就能恢　P. 170
复原来的量子态。根据不可克隆定理,我们无法对原始量子态进
行复制,因此一定是爱丽丝的测量将其破坏了。总而言之,爱丽丝
的量子信息在 A 位置消失了,传输到了任意远处鲍勃的 B 位置。

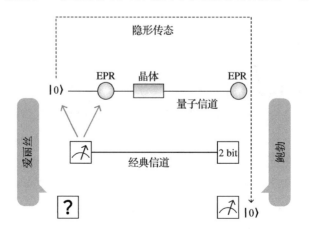

图 2.11　量子隐形传态原理

需要注意的是，即使量子特性的传输比光速更快，但可用信息增益是通过经典信道来传输的，因此无法比光速更快。而且"传输"一词只能从描述的角度上加以理解。事实上，没有传输任何物理对象。量子力学的状态发生了变化（由测量类型决定），量子信息在一个位置消失，而在另一个位置实现了复制。

量子隐形传态的协议

目标：将爱丽丝的量子信息（源量子比特）传输到鲍勃（目标量子比特）的物理资源中。源量子比特的状态在这个过程中会被破坏。整个流程如下：

• 创建量子通道，并创建纠缠 EPR 对。

• 通过量子信道将 EPR 对的一个量子比特传输到发送方（爱丽丝）和接收方（鲍勃）。

• 爱丽丝执行特殊的贝尔测量，即对纠缠的 EPR 量子比特和要传送的量子比特进行联合测量。这种测量会瞬间改变在鲍勃处的 EPR 量子比特状态。

• 爱丽丝的测量结果是四种客观随机状态之一。现在将测量结果进行加密，并通过经典信道传输给鲍勃。

• 利用这一经典信息，可以改变鲍勃的目标量子比特，使其必然与爱丽丝的源量子比特在开始时的状态相同。

量子隐形传态概念的创始人不止一个。1993 年，量子理论物理学家阿舍·佩雷斯（Asher Peres）、威廉·伍特斯（William Wootters）、吉勒斯·布拉萨德（Gilles Brassard）、查尔斯·H. 贝内特（Charles H. Bennett）、理查德·乔萨（Richard Josza）和克劳德·克雷波

P. 171

(Claude Crépeau)提出了量子隐形传态的概念。1997 年,安东·蔡林格和他的团队首次成功地证明了隐形传态,几乎同时,桑杜·波佩斯库(Sandu Popescu)的团队也成功地对上述理论进行了证明。在这些研究的基础上,研究人员实现了量子光学态的传输。2003年,由尼古拉斯·吉辛(Nicolas Gisin)带领的一个瑞士团队成功地实现了光子隐形传态技术,后来该团队使用瑞士电信的商业光纤网络进行了另一次验证。2004 年,来自因斯布鲁克(Innsbruck)和美国的研究人员首次成功地实现了原子的隐形传态,之后由安东·蔡林格和鲁珀特·乌尔辛带领的另一个奥地利团队通过多瑙河下水道中的光纤线路将一个状态"传送"到了 600 米之外。2012 年,该研究团队在拉帕尔马岛和特内里费岛之间的 144 km 的距离上实现了量子隐形传态。

2.7.2 原子层面上的实现

图 2.12 是简化形式的量子比特隐形传态示意图,量子比特携带的是原子态信息。例如,可以通过三个钙离子来进行实现,时间线为从左到右。首先,离子 1 上携带了要传送的状态(例如,$|1\rangle$、$|0\rangle$或$|1\rangle+|0\rangle$),离子 2 和离子 3 上制备了特殊的 EPR 状态。接着,爱丽丝获得贝尔测量的结果(离子 1 和离子 2 的状态),通过经典信道将其传送给鲍勃。可以用两个经典的比特来对四种可能的结果进行编码,即二进制数 00、01、10 和 11。鲍勃根据接收到的比特序列对粒子进行操作,再执行最后的测量,最终将在爱丽丝处生成的状态从离子 1 传送到离子 3。不可克隆定理既保证了传输的内在安全性,也保证了如果爱丽丝生成的量子态被鲍勃复制,那么该量子态将不复存在。P. 172

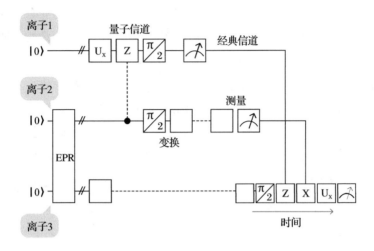

图 2.12　在离子上实现的隐形传态（简化形式）：门操作是指布洛赫球面结
　　　　构的量子比特表示。操作 U_x 对离子 1 的状态进行编码。离子 2 的
　　　　贝尔测量包括受控的 Z 门、$\pi/2$ 旋转和测量（在我们的例子中是用
　　　　一根荧光倍增管实现的）。离子 3 处的序列：根据贝尔态，首先旋
　　　　转 $\pi/2$，然后重建 Z 和 X；最后使用 U_x 操作进行准确性检查，通过
　　　　荧光倍增管进行测量

P. 173

2.8　量子中继器

　　建立远距离通信网络的主要条件是要有大量的中继站。如前
文所述，在当前的互联网中，数据是以调制电磁波的形式进行传输
的。各个中继站对信号进行测量和放大，然后发送出去。这项技
术在互联网上非常成功，但无法用于量子网络。根本的困难在于，
根据不可克隆定理，无法将量子信息进行完全复制。因为每一次

测量都会自动破坏量子比特,所以无法实现复制。因此,最重要的是找到新的技术方法。量子中继器技术是一个非常有潜力的解决方案,它是由量子理论物理学家汉斯·于尔根·布里格尔(Hans Jürgen Briegel)、胡安·伊格纳西奥·西拉克(Juan Ignacio Cirac)和彼得·佐勒(Peter Zoller)于 1998 年提出的。其基本原理是,中继器并不是用来将要传输的信号进行放大,而是用来建立某种最大纠缠态。然后可以在后续步骤中使用该纠缠态,如用于纠缠光子的远距离量子密钥分发。整个系统包括爱丽丝和鲍勃之间的一系列量子中继器,每个中继器都能够接收、处理、传输经典信号与量子信号。根据一项特别的协议,远距离构造最大纠缠态需要以下 3 个步骤:

1. 在相邻节点之间生成纠缠态。

2. 纠缠交换,也就是说,将纠缠"溢出"到遥远的节点。

3. 纠缠蒸馏(又称纠缠纯化),这是一种纠错系统,系统中大量的弱纠缠态会生成少量的强纠缠态。

实际上,步骤 2 和步骤 3 必须交替进行,因为纠缠交换需要最大纠缠态。量子中继器设计的另一个基本条件是,即使损耗随着距离的增加而呈指数级增加,但仍然可以实现通信,增加的所需资源(持续时间、站点数量、所需量子比特数、测量)不超过多项式量级。目前研究人员已提出并完善了众多的理论,但并没有取得决定性的进展。量子中继器已经成功地在各种概念验证实验中得到了实现。然而,实现一个在技术上可行的方案是极其困难的。

P. 174

量子中继器简介

量子互联网的主要目标是在端节点处实现量子比特的纠缠。然而，远距离量子通信的最大挑战是，在"嘈杂量子信道"中实现量子比特的纠缠非常困难。当移动量子比特通过光纤线路到达节点时，实际的吸收效应和退相干效应是相当可观的。由于这些损耗会随信道长度的增加呈指数级增加，因此，信道长度达到一定距离后将无法保持纠缠。为了克服这一根本问题，量子中继器利用了纠缠交换技术，即先在短距离内生成纠缠粒子对，然后连续地通过其他子系统将传输过程纠缠扩展到更远距离。传输过程将纠缠度最小的噪声态蒸馏为纠缠度最大的纯态。在量子密钥分发的应用方面，还可以使用量子卫星，能够支持远距离量子信道。外太空的真空环境为量子卫星提供了一个显著的优势，即长距离损耗，包括大气衍射造成的损耗，要少得多。总而言之，用于量子互联网的量子中继器的研发需要非常复杂的量子技术。

P.175   ## 2.8.1 工作原理

为了能够理解量子中继器的基本原理，我们看一个简化的例子。假设爱丽丝和鲍勃根据 Ekert 协议，用纠缠光子进行量子加密（见 2.6.2 节）。现在双方相距甚远，"路途损耗"占比相当大。例如，光纤系统中的吸收效应和退相干效应可能会导致光子速率太低而无法进行实验。通信双方该怎么办？他们必须尽可能降低远距离上的信道噪声。为了实现这一目标，他们使用了量子中继器。用数学公式可以将该方法表示为

如果 $A=B \wedge C=D$,那么 $A=D$

其中"="是指纠缠,"$\wedge$"表示特殊条件的贝尔测量。在爱丽丝和鲍勃之间有一个中继器,它分别与爱丽丝和鲍勃生成纠缠。该过程会产生两个纠缠子系统,一旦贝尔测量完成,纠缠就从子系统"交换"到爱丽丝和鲍勃。通过这种方法,爱丽丝和鲍勃之间就生成了以前不存在的纯纠缠态。从这一刻起,理论上可以根据 Ekert 协议进行量子加密。然而,要想使量子比特在实践中发挥作用,必须将其存储在本地量子存储器中。目前完成的实验是使用光子作为移动量子比特,通过光纤线路从两边进入中继器。中继器将量子态存储在一个单独的量子存储器中(例如一个被俘获的原子)。通过特殊的连接(指的是贝尔状态测量),可以将两个固定的网络节点连接起来。与复杂的量子接口技术类似,寻找能与光子有效作用的鲁棒的量子存储器是一个相当大的挑战。最后,建立纠缠的速度必须比存储态失效的速度快。 P.176

2.8.2 纠缠交换

接下来,我们进一步详细考察"纠缠交换"的过程。如前文所述,量子隐形传态能够传输具体的确定量子态,即特殊制备的量子比特。然而,它也可以传输完全未知的状态,特别是纠缠态。量子中继器技术利用的正是这一点。首先,创建两个纠缠对 $A=B$ 和 $C=D$(见图 2.13)。然后,通过贝尔测量将 B 和 C 纠缠在一起,从而满足了量子隐形传态的前提条件。结果,对应 $A=B$ 的初始纠缠量子态将被传送到 $A=D$ 的系统。因此,光子 A 和 D 会立即生成纠缠。需要注意的是,尽管光子 A 和 D 过去没有任何关联,但现在它们是强相关的。从理论上讲,这一过程可以在任意数量的中继器上重复进行,通过这种方式将其扩展到更远的距离。

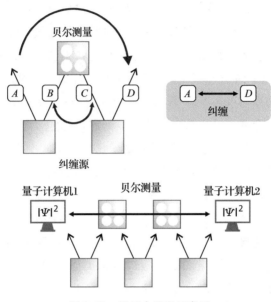

图 2.13　量子中继器示意图

　　注意,纠缠交换实际上是纠缠的隐形传态,利用一系列中继器可以实现多次传送的过程,通过这种方法可以生成量子信道。从理论上来说,这项技术能够实现两台距离数千千米的量子计算机建立连接,这一点对未来的量子互联网而言将非常有用。同时,每个中继器还提供了纠缠纯化("纠错")的功能,即使在很远的距离也能够保持最大纠缠态。由于量子比特的隐形传态只有在最大纠缠态下才能够实现,因此这一技术性设计起到了非常重要的作用。

　　未来世界的量子通信欢迎您!

P. 177

2.9 理想与现实

鉴于量子互联网几乎是一种全新的技术,研发还存在巨大挑战,因此,在不久的将来实现(全球)量子互联网仍然只是人们的一种愿望。但是,我们需要划分制订不同阶段的目标。第一个阶段是在全球各地建成更大的量子密钥分发拓扑网络,并在未来 10~15 年内制造若干量子卫星或者量子无人机。前沿的研究人员甚至认为,在这段时间内将能够实现与现有互联网平行的量子互联网。首先,需要在地面和太空建设关键基础设施,目前已有政府机构和公司对这一点表现出浓厚兴趣。因此,需要研发经济型的运营系统。另一个重要的研究目标是研发一个可扩展的量子节点网络,作为完全纠缠的全球量子互联网的原型,该网络能为量子中继器的实现奠定重要基础。此外,还需要编写可扩展控制和网络协议所需的软件。我们需要明白的是,如今对这种复杂量子技术的研发进行资助,未来它才有机会走向成熟。无数实践尝试表明,量子信息技术仍然总体处于初级阶段。对量子计算机来说尤其如此,量子计算机的研发可能比单纯的网络技术研发面临更大的挑战(一般应当将两者区别开来)。尽管如此,世界各地都在致力于将"量子网络"(Q - web)从纯基础研究阶段提升到技术可用或商业可用的水平。

例如,欧盟曾在 2016 年宣布量子技术在其 10 亿美元旗舰项目中排名第三,这一点证明了这一领域目前所受到的重视程度。该项目的目标不仅是希望利用量子技术对科学、工业和社会产生影响,而且还旨在使欧盟成为这一具有广阔前景的新领域的全球参

P. 178

P. 179

与者。从战略投资的层面上来说，欧盟希望通过这一项目把欧洲变成一个具有吸引力的、充满活力的创新商业区域，并在科技和工业之间进行更好的融合，以促进发展。当然，这样的计划绝不能仅仅停留在口头上，它需要及时、充足的资助和投资作为支撑。虽然亚洲在量子卫星技术方面占据领先地位，但欧洲在基础研究方面更胜一筹，且实现了对现有光纤互联网结构的"量子兼容"。欧洲应该抓住机会，投入资源，紧跟这一国际科技发展趋势。

　　欧盟已经要求科学界和工业界的主要代表提出具有目标和时间节点的现实研发路线。这表明量子互联网将被嵌入至一个四维模型，该模型包含可能引发第二次量子革命的核心领域：量子通信、量子仿真、量子传感器技术及量子计算。欧盟近期批准了第一笔拨款，用于研发可扩展量子网络的原型。该项拨款拨给了由代尔夫特理工大学管理的"量子互联网联盟"，该联盟囊括了该领域在全欧洲最前沿的研究机构。该联盟的目标是与工业和高科技公司的伙伴进行合作，研发它们所需的技术。当然，选择出在这一高度创新领域里的前沿成员机构，符合该联盟的利益。在这方面特别值得一提的是英国量子通信中心，这是一个由大学、工业伙伴和政府机构组成的研究发展联盟，由英国国家量子技术计划进行资助。该中心的侧重点是推动项目的商业化发展。研发强大的量子计算机是一个更加遥远却更令人向往的目标，该目标能够让欧洲在未来的智能工业中获得最终胜利。正是出于这种雄心壮志，欧洲当前与日本、中国、美国等国家保持良好的关系。欧洲不仅把这些国家视为竞争对手，而且将它们视为潜在的合作伙伴。由于美国科技巨头对量子计算机显示出极大兴趣，且量子信息技术是未来最重要的商品，因此，量子互联网的前景远比部分人认为的更加

P. 180

真实。

　　假设量子互联网在科学技术上是可行的（这一点尚未得到确切证明），那么其将有三个关键发展方向。

P. 181

量子信息技术的发展方向

　　• 建立本地量子密钥分发网络，将其作为长远数字安全技术的关键要素。量子密钥分发可以应用到许多商业应用和移动设备上。除了卫星到地面的数据链路外，另一项研究目标是改变目前互联网的光纤结构，以实现能够覆盖世界五大洲的具有最高安全性的数据传输。该技术的目标是建立一个不需要可信中继器的完全纠缠的量子密钥分发网络系统。中继技术需要使用量子存储器，但端节点的用户不需要。

　　• 研发功能强大的量子计算机，理想情况是研发出可扩展通用量子计算机。通过量子云可以将其处理能力提供给科学、医学和商业用户，也可供个人用户使用。盲量子计算需要一个可靠的量子存储器网络，用户可以（在理想情况下）制备状态、存储量子比特及实现隐形传态。这些基本功能在实验室测试中得到了验证。然而，在现实中实现量子计算机的强大功能仍然是一个遥远的目标，需要取得一些技术突破。

　　• 研发可扩展通用量子计算机及涵盖各种类型、设计方案的量子设备的全球化网络。端节点是功能强大的独立量子计算机，能够实现可靠的错误修正，还可以生成复杂的量子态并实现隐形传态。如果未来这一发展阶段真的能够成为现实，那么将会出现一种通用的量子互联网的多用户应用，具体应用和扩展的可能性目前仍然未知。

2.9.1　2030 年日程——首个全球量子互联网?

在量子技术的各研究领域中，量子密钥分发的研究进展最为迅速。如前文所述，欧洲、美国和亚洲已经建成了真正的网络试验平台环境。中国和日本都是该领域的先驱。对于中国来说，目前已经建立了北京-上海骨干网，并且在该骨干网上开展太空量子实验，显然，最终目标是建立一个全球量子网络。下一步是对现有的地面网络进行大范围扩展，并专门成立一家公司来进行运营。这一试点项目将成为未来局部网络的一个范例，从长远来看，可以通过量子卫星将这些全球范围的移动网络连接起来，项目目标是在2030 年左右实现。中国量子信息领域的首席科学家潘建伟院士估计，到那时，通过若干个量子卫星将可以实现全球覆盖。

P. 182

这一目标在现实中的进展如何? 近期中国和奥地利之间开展了一次量子电话会议。然而缺点是，当距离非常远时，卫星只能作为一个可信的中继器，也就是说，卫星必须是可信的。尽管如此，目前研发的中继技术仍是该领域取得的巨大进步，其证明了远距离量子通信的技术可行性。我们还需注意，在 1200 km 的距离上已经实现了完全纠缠的量子密钥分发（且具有最大程度的安全性）。与之前的工作相比，这是巨大的进步! 因此，从经济角度来看，中国极有可能将"量子卫星技术"进一步发展成为量子卫星网络。在这方面，传统光学卫星通信的任何进展都能提供重要的支撑。在适当的逻辑条件下，即使只有若干个量子卫星，理论上也可以短暂地连接成一个量子中继器。通过纠缠交换的方式，将非常遥远的端节点直接纠缠在一起。如果生成率足够高，则可以通过这种方式生成量子密钥。经过若干次循环，就可以达到十分可观的密钥数量，从而实现高度安全的传输。如前文所述，在完全纠缠的量子密钥分发的条件下,无法将从卫星获取的密钥传输给第三方。在不考虑技术困难的情况下,这种方法不仅能解决中继器问题(有一些局限性),而且还能在全世界的局部网络之间建立量子信道。根据一些研究人员的估计,我们可能会在未来 10～15 年内取得量子中继器技术的巨大进展。也就是说,到那时通过光纤网 P. 183 络将可以实现远距离完全纠缠的量子密钥分发。因此,可以将全球范围内"老的"互联网即现有的光纤基础设施用于量子通信。维也纳多路量子网络证明,这一点对于欧洲开展的研究尤其重要。

量子互联网联盟正在研发一个由 3～4 个节点组成的量子互联网原型,利用量子中继器将荷兰的四个城市连接起来。该项目不仅可以演示量子中继器的工作原理,也能够成为首个在小型量子计算机之间交换量子比特的量子网络。项目争取早日建立第一条测试链路,验证通过频率转换等方法改造现有光纤的可行性。如果能够成功,该项目将成为研发没有可信中继器的、成为"真正的"量子互联网的一个重要里程碑。下面介绍量子密钥分发的两个最重要的功能。

1. 抵抗超级计算机

量子密钥分发的一个不可低估的优点是能够使快速但易受攻击的对称加密变得安全。如前文所述,通过一次一密进行加密会存在严重的问题(见 2.6.1 节)。尽管如此,一次一密仍是一种非常有用的方法,它不仅可以在很短的时间内加密大量的数据(这一点将在未来的信息技术中发挥重要作用),还能够以超高的比特率来抵抗未来超级计算机和量子计算机的攻击。从目前来看,量子计算机只能通过格罗弗算法来抵抗一次一密。如前文所述,尽管 P. 184 格罗弗算法能够实现"二次加速",但考虑到密钥有无数种可能的组合,因此用该算法来抵抗一次一密还是不够的。为了成功抵抗一次一密，量子计算机必须使用超高的量子比特数，这个数字在今天看来是完全不现实的。只有达到一定条件，量子密钥分发的基于物理定律的安全性才能够发挥作用。利用这项技术，我们可以直接、迅速地将任何窃听攻击检测出来。这项功能在经典的信息技术中是无法实现的，这是真正意义上的创新。这一特点将使个人用户和商业应用也对量子密钥分发感兴趣，而不仅仅是政府或企业参与其中。金融管理领域的相关产品和服务包括数字支付，以及非常安全的自动取款机和信用卡，也许还包括信任的心理因素。依靠自然法则保障的安全似乎更让人放心，然而在建立远距离的量子信道之前，还需要克服许多技术困难，包括中继器问题。这种先进的系统也构成信息技术前景的基础。例如，如果没有特殊的安全技术，我们很难想象未来的智慧城市网络将呈现什么情景。量子密钥分发提供了一种理想的技术基础，它与后量子密码技术的结合理论上应该能够承受来自未来的超高性能计算机的攻击。然而，量子密钥分发无法完全抵御伪造身份认证的攻击。从目前来看，这一问题仍是无法解决的，即便如此，基于量子密钥分发的方法也可以使这一问题得到极大的缓解。

P. 185
2. 防止黑客入侵的数据存储

　　尽管量子密钥分发本质上只允许进行完全防窃听的点对点数据传输，但将它与经典方法结合起来，也能保证超高的安全级别。在测试网络中已经实现了一个范例。即使是当前，长期存储在数据中心的数据量也是非常大的。此外，数字档案的规模也在不断扩大。如果黑客使用未来的高性能计算机进行攻击，用户如何才能实现全面的保护？因此，能够经受住未来攻击的数据存储系统必须满足以下四个要求：

　　（1）机密性（只有授权方才能访问数据）。

（2）完整性（保证数据不被篡改，如使用数字签名和认证方案）。

（3）可用性（可通过冗余来随时检索数据）。

（4）功能性（数据无须解密即可进行后续处理，这里需要所谓的同态加密）。

下面来介绍一种方法。利用多项式乘法将数据的片段存储在多个分布式存储器上。如果存储器数量为 N，那么通过至少 k 个数据片段可以实现数据的重构。如果数据片段的数量为 $k-1$，那么即使计算能力是无限的，也无法实现数据的重构（假设损坏的存储器数量小于 k）。这种系统保证了机密性，同时可以通过多项式算法将数据进行整合，从而满足了功能性。即使有数据片段丢失，数据也可以重建，满足了可用性。然而，完整性不一定能得到保证。重要的是，存储器之间的通信需要得到保护，这一点可以通过量子密钥分发得到完美解决。因此，量子密钥分发可以为防止黑客入侵的数据存储设备提供长远的完整性和机密性保护。

P.186

2.9.2 未来的通用量子超级网络

随着端节点上量子比特数的增加，如今的量子网络变得更加高效和强大。假如中继器问题可以得到解决，相关态和纠错系统可以不断实现优化，那么未来将会出现一个全球网络，即具有强大量子性能的超级网络，实现信息技术的愿景。该网络基于极其复杂的超快速网络技术，可以通过使用大量的量子卫星来进行扩展（理论上可以是微型量子卫星），它将把人类带入一个全新的技术时代。这样的超级网络还可以为科学领域以外的许多技术发展做出贡献（在这些领域，它的价值是不可估量的），其中包括通过量子密钥分发来保障的绝对安全的通信信道（其终极形式是以完全互联为基础的)，这些信道将传统计算机与各种移动终端连接到网络中。终端用户设备包括智能手机、可穿戴设备、卫星、无人机和无人驾驶汽车。该技术在防止数据库和数字文件免遭日益增多的黑客攻击方面将特别有效，可以为普通用户提供大量的商业应用。

P. 187　　　除了必不可少的高度安全的在线金融交易外，量子超级网络还有其他的应用。根据叠加原理，量子区块链为报价、合同及比特币等加密货币的全新认证方法提供了基础。类似地，有效识别虚假新闻也将会变得容易许多。此外，量子超级网络还能为日益增长的隐私需求提供支持，这一点在未来会变得更加重要。目前，通常人们(尤其是年轻人)一生都在以数字痕迹的形式与互联网打交道。结果是，他们将有可能任由算法摆布。一些互联网服务对这种趋势起到了推波助澜的作用，个人很难将自己的特点和偏好隐藏起来。每次进入搜索引擎，个人的愿望和需求都会被记录下来，供广告公司使用。量子技术(如果使用得当的话)能够捍卫一项重要的社会价值：隐私权和保护权将不会变得完全"透明"和可操作。超安全的量子云也能满足这一需求。

　　技术上的一项亮点是可扩展量子计算机的研发，其优点将可供全世界的用户所用。"量子优势"在未来可能对经济产生巨大的影响，获利的不仅仅是云运营商。再想一想必需的基础设施的方方面面，也许有一天，量子技术将会成为所有新公司的宝藏。全新的职业和商业概念很可能会出现。在未来的量子互联网中，用户

P. 188　在量子搜索引擎中输入一个问题，能够在没有任何人知道问题的情况下得到答案，甚至连服务器都不知道问题是什么！然而由于目前搜索引擎的运营商通过对用户数据进行分析来赚钱，因此他们将不得不考虑其他的收入来源。也许客户可以选择是否公开搜索内容，或者为互不相关的独立搜索支付额外费用。此外，其他应

用还包括商务旅客可以计算出他们的最佳路线；制药公司将会获得新药研发所需的必要算力。量子技术还将延伸到生物化学和遗传学等领域。无数的公司将会得到他们的逻辑解决方案，交通部门将能够对车辆流量进行完美的计算。通过识别复杂的变量关系，量子计算还可以应用于解决金融方面的问题，例如根据违约风险来进行资产、客户及供应商的分类和选择。通过量子模拟器，研究人员将有望研发出全新材料或在室温下使材料实现超导，这些将引领整个工业领域进入黄金时代。公司在致力于研发更有效的电池及回收利用方法，从而实现电动交通的优化。今天的研究表明，量子计算机为机器学习、机器人和人工智能开启了难以想象的潜能，真正地使智能工业的概念迈向新的里程碑。

毕竟，未来强大的量子计算机和任意类型的设备都可以通过纯纠缠连接起来，或者使用量子隐形传态来进行复杂量子信息的交换。费曼的理论（量子计算机在技术上代表着自然界的准则）是正确的，可以从中衍生出未来的技术，如"可编程物质"。从理论上讲，未来可能会有某种量子 3D 打印机，它可以通过隐形传态将复杂的量子信息从量子云下载到现有的载体上。这种技术将使我们 P. 189 能够在微观层面上对物质性质进行设计，并根据客户的意愿来自定义。另一种可能性是，未来的智能材料将能够适应环境。

本书的开头提到了通过隐形传态进行量子计算机的联网这一基本理论。此外，这一设想的指导思想是，整个量子网络将可能成为网络计算意义上的、极其强大的模块化计算机。由于中继器问题基本可以通过多重隐形传态得到解决，因此，这种去中心化概念可能在未来量子信息技术中发挥关键作用。强大的量子计算机的实现将很可能代表人类在未来几十年（甚至更久）的最伟大的技术成就。无论如何，量子计算机的研发与量子互联网密切相关。除了盲量子计算以外，为了研发一台可扩展的量子计算机，量子互联网也是必需的(无论其规模大小)。量子互联网还可以使联网的量子计算机达到更高的性能。站在基础物理学的角度，理论上我们可以对未来展开多种设想，问题在于我们能在多大程度上实现大规模量子相干性的维持，从而在技术上更加接近自然界的准则。量子信息技术具有巨大的潜力，如果我们真的实现了"第二次量子革命"，那么通用量子超级网络将华丽地出现在我们眼前。

第 3 章

更深入的理解

3.1　研讨:量子光学系统

量子干涉

量子光学器件在量子通信技术中占有重要地位,尤其在量子密钥分发网络中更是如此。为了更好地阐释量子光学器件的重要意义,我邀请各位读者来到一家虚构的实验物理研究所,"量子教授"将在这里为大家答疑解惑。他将对我们所说的"波粒二象性的含义""波函数的作用"及"什么是非定域性"进行讲解。由于人类的想象力长期被束缚在充满日常经验的世界当中,因此这些量子术语无疑会给量子世界抹上一缕神秘面纱。

首先,量子教授向我们展示了一台马赫-曾德尔干涉仪(Mach-Zehnder interferometer),如图3.1所示。这种设备用途广泛,例如可用于检测材料中的细微密度差异。经过改进,该设备也可以用作飞机上的惯性传感器。在验证量子光学基本原理的实验中，这种设备也很重要。注意，图3.1演示了两种实验设备，一种使用的是屏幕和普通激光器，另一种使用的是探测器和单光子激光器。

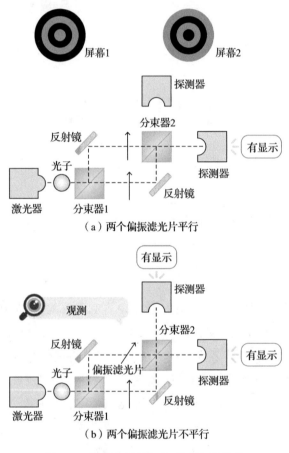

图 3.1　调试良好的马赫-曾德尔干涉仪

接着，量子教授介绍了使用屏幕和普通激光器的实验。实验中，我们可以看到激光束遇到分束器1后被一分为二，每束光线经

过一个反射镜时出现 90° 反射。然后,两束光线再次在分束器 2 处 P. 193
汇合。当量子教授打开激光器开关时,会出现一种特殊的条纹图
案,即所谓的干涉条纹(见图 3.1(a))。我们看到图案显现在屏幕 1
和屏幕 2 上,正好位于光线的出口位置。这时需要通过一个发散
透镜(图中未显示),才能使肉眼清楚地看到图案。量子教授把手
伸出,挡在一个分束器上,兴奋地喊道:"你们看到了吗?"我们看到
在他把手伸出的一瞬间图案就消失了。"你们现在明白了吗?"他
问了几遍,但我们并不明白,这一现象究竟能证明什么?

　　量子教授耐心地讲解道:"你瞧,从量子物理学的一个非常现
代的观点来看,你刚刚进行的是 1 比特系统的测量。我们知道,光
是由光子(即光量子)组成的,当一个光子被激光发射出去时,它在
分束器 1 处进行透射或反射的概率都是 50%。只要我不把手放在
它的路径上,就无法确定光子进行的是透射还是反射。这时的系
统处于叠加态,也就是说,光子可以走两条路径,彼此叠加在一起。 P. 194
在这种情况下,干涉图案就会出现。现在,当我把手伸进其中一个
分束器时,很快就可以清楚地知道光子走了哪条路径,因为如果光
子选择了这条分束器,它会与我的手发生碰撞。但如果我不伸手,
就不知道光子走的是哪条路径。需要注意的是,从单个光子的角
度来看,碰撞并不一定会发生,只是可能发生!我们再来谈谈位置
测量。在测量发生时,叠加态会立即崩溃,条纹图案也会消失。量
子力学的奠基人之一尼尔斯·玻尔将这种现象称为波函数的坍
缩。令人惊讶的是,波函数的坍缩并不取决于光子是否被测量到,
而是取决于它们是否存在被测量到的概率。"

　　"那么,作为一名科学家,你说量子系统的状态取决于测量,这
是真的吗?"

"在某种程度上，我们可以这么说。现在'测量'并不意味着我们必须探测到粒子，只要概率存在就够了。就物理学的角度而言，这里的测量是指创造一种可以观测到一个或多个物理量的情况，我不一定非得伸手才能进行测量。通常，我们会取两个偏振滤光片，分别插入两个分束器。偏振滤光片具有改变光的偏振面的特性。我演示给你看，看到了没？只要两个偏振滤光片（见图 3.1(a) 的黑色箭头）保持平行，就会出现我们熟悉的干涉图案。但是如果我将滤光片进行旋转（见图 3.1(b)），干涉图案就会消失。原因在于光的偏振面旋转可以用于确定某个光子到达哪个分束器，此时即发生了位置测量。因此，测量包含了一定的路径信息。如果我现在再次将两个滤光片设置为平行，那么路径信息将会消失，系统将再次生成干涉图案。"

P. 195

"这和 1 比特系统有什么关系？"

"很简单，只存在两种互斥的可能性。要么干涉，要么位置测量，两者无法同时发生。例如，1 比特信息可以用来表示'是或否''白色或黑色''开或关''冷或热'等。很多互斥的现象都是无法同时存在的。用量子物理学的语言来说，干涉和路径信息是互补的。如果我们从初始的平行位置不断旋转滤光片，可以看到干涉会逐渐减弱，直到成 90°时干涉会完全消失。所以，通过不断降低干涉，我接收到了越来越多的路径信息。相反，如果我慢慢地将滤光片旋转回去，直到两者再次彼此平行，我得到的路径信息将不断减少，而干涉则越来越强，这就是互补性的含义。我们对某一个值或属性知道的（即信息）越多，对另一个值或属性知道的就越少。系统总共包含的信息不超过 1 比特。尼尔斯·玻尔认为互补性是量子力学的基本原理，适用于所有可测量的值或属性。它不仅限制

了我们知道的信息,而且也限制了系统所拥有的性质。(Zeilinger,2005a)

"说实话,您的这种人为解释略显勉强,这些现象很容易用经典物理学来进行解释。如果你的手挡住了其中一个光束,它当然就会消失,自然而然地就排除了干扰。偏振滤光片也很容易解释,P.196 需要相干的光束才能生成干涉图案。但是如果两个光束与它们的偏振面不平行,自然就不满足这一条件,那么我们需要量子物理做什么?"

"太好了!"量子教授表扬我们说,"显然你们对物理有了一定了解,至少对经典物理是如此。事实上,我同意你的观点! 如果我们的激光束是人眼可见的,它携带了数以百万计的光子,那么我们确实不需要量子理论。但是如果将光束携带的光子数量降低到只有一个的话,那就另当别论了。请耐心一点,接下来发生的事非常非常有趣!"

"顺便问一下,你说的'波函数'是什么意思?"

"没错!"量子教授大声笑起来。"波函数是个奇怪的事物。大家从逻辑层面思考一下! 当光子遇到分束器 1 时,它们进行透射和反射的随机概率各为 50%。而位于'较低'光束中的单个光子在分束器 2 处进行透射和反射的随机概率也各为 50%。从统计学的角度来说,在分束器 2 处进行透射和反射的光子数各占总光子数的 25%。如果光子选择了'较高'的光束路径,则在分束器 2 处也会产生同样的现象,即进行透射和反射的光子数各占总光子数的 25%。一般来说,一半光子会出现在屏幕 1 上,另一半则出现在屏幕 2 上。按理说,我们在两个观察屏幕上看到的应该是发散的、无结构的光点。然而我们在两个屏幕上看到了条纹图案,即干涉条纹。即便如此，每个屏幕上的光子数也是各占总光子数的 50%。我们根本无法解释的是，为什么会出现干涉条纹。"

P. 197

"这有什么稀奇古怪的？"

"令人难以置信之处在于，我们处于一个矛盾的境地，因为实验显示的结果与我们刚刚进行的理论预测结果迥然不同。众所周知，实验是物理学中最高的评判者，因此我们需要对理论进行修正，使之符合实验结果。我们可以将光描述为一种波，这样就说得通了，但必须十分谨慎！实验还产生了另一个问题。欧洲核子研究中心的加速器设备上进行的实验已经证实，光肯定是由类粒子的光子组成的。一种可能的解释是，光确实都是由光子组成的，但这些粒子在测量屏幕上的显示只能通过波的模型来进行描述。然而理论上这种波形图案是一种虚构的数学工具，人们通过这种数学工具来探究奇怪的现象将会更容易些。根据量子力学的基本原理，我们永远无法对某个光子将出现在观察屏幕的哪个位置进行准确地预测，而只能计算出一个概率。因此，波函数，或者更准确地说是波函数的振幅平方，具有概率波的特性。我们可以想象一下，光是由粒子组成的，在给定位置测量到这些粒子的概率是由波函数的振幅平方决定的。"

"那么这一概率波模型是如何解释这种现象的呢？"

"根据波的概念，我们能够很容易地解释干涉条纹的现象，这种解释符合经典物理学理论。假设两个偏振滤光片是平行的，激光在分束器 1 处变成了两个分束，每个分束的强度都是原来的一半。如果观察图 3.1 中较高的光束，你会发现光束在到达屏幕 1 之P. 198前进行了两次反射。如果较低的光束也到达屏幕 1，它也将进行两次反射。两个光束都经过分束器和反射镜的反射。由于两束光以相同的方式进行反射,因此它们的相位差为 0,这就产生了一个相长干涉。也就是说,两个分波的振幅叠加起来形成了一个波,其振幅是原来的两倍。由于波的振幅对应于光的亮度,因此,所有的亮度即激光器发出的所有光都出现在屏幕 1 上,而屏幕 2 的亮度为 0。在调试良好的干涉仪(见下文)中,屏幕 1 将非常明亮,屏幕 2 则会变得完全黑暗。

　　调试良好的干涉仪是一种理想化描述,这种抽象表述在物理学中十分常见,是我们开展思维实验的工具。对于调试良好的干涉仪,假设所有的光径长度完全相同。然而这一点在真实世界却很难实现,因为尽管激光束的形状很细,但总是会表现出一定程度的发散。因此,在我们的简化实验中,光径长度通常不会完全相同。实验的结果是得到一组由内到外的相长干涉和相消干涉,在两个屏幕上都能够观察到亮环和暗环组成的干涉图案。然而这两个干涉图案是互补的,即如果屏幕 1 上的某个点是亮的,那么屏幕 2 上的同一点则是暗的,反之亦然。通过波模型可以精确描述这种现象。特别是,波模型能够使我们理解光——哪怕只是一个光子——是如何实现相长或相消的。如果没有光的波理论,我们就无法通过物理学来解释上述实验。因此,需要在数学层面上为光 P. 199 赋予波的特性。”

　　“如果我们像量子加密那样,用两个光子探测器代替两个屏幕的话,会发生什么现象?”

　　“这个问题非常好,我正打算给大家讲解这一点。我们现在采用高科技实验物理模式。有一个调试良好的干涉仪,并用两个光子探测器来代替两个屏幕。探测器能够使用基于特殊光电二极管的复杂倍增技术检测到单个光子。关键的改进是,我们用单光子激光器取代普通激光器，看看接下来会发生什么。从统计的层面来讲，现在干涉仪内只有一个光子。当然，我们的人眼是看不见它的，因为激光的亮度非常弱，然而我们的超精密探测器能够检测到这个光子。看到没？如果将两个偏振滤光片旋转成90°，那么两个探测器都会相继有响应。然而如果两个偏振滤光片是平行的，那么只有一个探测器会有响应，其原因是我前面讲解过的互补干涉图案。注意，调试良好的干涉仪不再生成图案。光的所有强度，即所有光子，都出现在一个屏幕或探测器上。现在我的问题是，粒子怎么可能表现出如此奇怪的现象？如果两个探测器都有响应，那么我们仍然可以用纯粒子的概念来解释，我们之前就是这么考虑的。然而在第二种情况下，两个偏振滤光片是平行的，结果就不同了。除了波模型之外，我们找不出别的方法可以解释这一现象。

P.200　你看，根据不同实验，光能够分别表现出类粒子和类波的现象。人们通常把量子对象的这种奇特性质称为'波粒二象性'，我们需要通过波函数来描述这种矛盾的现象。"

　　"波函数仅仅是指光量子，还是量子物理的一种普遍描述？"

　　"肯定是一种普遍描述。数学上的波函数要比这一简单例子中的要复杂得多。波函数，也叫 Ψ 函数，在量子物理学中的应用十分广泛。出现这种奇特现象的不仅仅是光子，所有的粒子，即量子对象，都会受到其影响，包括电子、质子、中子、整个原子，甚至更大的分子。这一点我们稍后再谈。首先，我想给你们展示的是另一个非常著名的实验。一面墙上有两个小口，宽度刚好够量子对象通过。无数的子弹发射在这面墙上，就像机关枪一样。这些'子弹'不一定就是像光子那样的无质量的粒子，也可以是具有静止质量的粒子，例如，负电荷的电子。"

"你现在说的是著名的电子双缝干涉实验吗？"

"是的，没错。从一个源中随机发射出大量的电子，它们撞到有两个小口的墙上，即'双缝'。大量的电子被墙吸收，但有少量电子通过两个狭缝，每一个电子都有 50% 的概率通过其中一个狭缝。因此，平均而言，将有相同数量的电子通过每个狭缝。将粒子显示在墙后的观察屏幕上，人们认为频率分布看起来就像把大量脏足球从两个狭缝踢到白色的墙上，每个球都会在后面墙上留下一个污点。然而，当在真实的环境中进行实验时，出现的频率分布完全不是如此。我无法在这里演示这一实验，它太复杂了。1957 年克劳斯·约翰森（Claus Jönsson）首次进行了这个实验。1990 年尤尔根·姆林克（Jürgen Mlynek）和奥利维尔·卡纳尔（Olivier Carnal）甚至用整个原子进行了实验，每次的实验结果都相同，出现的图案与我们之前实验中的干涉条纹图案较为相似。事实上，这是另一种干涉图案，这很奇怪。在电子干涉实验中发生的量子干涉，是指一个电子具有两种选择的叠加，即通过两个狭缝中的一个。奇怪的是，点状电子的运行轨迹就像同时通过了两个狭缝。当然，事实上并非如此。所以从数学的角度，需要给它们指定一个波，通过这个波，我们可以计算出电子击中屏幕的概率。也就是说，尽管每个电子在屏幕上显示时是点状粒子，但总体分布是由类波的概率所决定的。从前面的实验中我们知道，一般情况下的干涉图案只能通过波的概念来进行解释。因此，波函数 Ψ 不仅会影响光子，而且也会影响物质粒子。在这种情况下，我们称之为物质波。一般来说，所有的量子对象都会表现出这种显著的波粒二象性。"

"我看看你们是否已具备用量子力学的方式来思考的能力。在双缝干涉实验中，如果我们关闭其中一个狭缝，会发生什么？没错，这相当于进行了一次位置测量，因为在这一刻，电子会显示它

P. 201

P. 202

通过了两个狭缝中的哪一个。因此，测量者能知道电子的位置信息。结果将会是干涉图案立即消失！或者更准确地说，干涉图案明显比之前弱。实际检测到的图案看起来就像将许多脏足球踢进一个狭缝时的结果。注意，在这里也有互补性原理，要么是干涉，要么是位置测量，两者无法同时出现。因此，双缝干涉实验的结果与我们应用马赫-曾德尔干涉仪的结果完全类似，出现了相同的'信息相关'现象。"

"量子世界看起来真的很疯狂！测量时的特性为粒子，但在其他时候又表现出类波的特性，这样它们才能以某种方式同时通过狭缝？这不像是严谨的科学！难道这背后不会存在某种交互过程吗？毕竟，可见光是由数万亿光子组成的。也许他们只是以某种方式互相阻挡，或者互相反弹？粒子也可能会分裂，不是吗？这样人们不就可以简单地忽略波粒二象性的矛盾现象了？"

"当然，这似乎是一个明智的建议。但是你看，你还可以用单个电子做双缝干涉实验，结果也完全一样。你可以发射出许多个电子，逐个通过两个狭缝，然后记录每个撞击点。令人惊讶的是，实验再次生成了一个类似波的干涉图案。此外，你刚刚看到的是具有单光子激光器的马赫-曾德尔干涉仪。在任意时刻，干涉仪中只有一个光子，干涉却仍然存在！在这种情况下，不可能存在任何一种不为人知的交互，而且整个实验就像魔法一样。请记住，是否发生干涉取决于两个偏振滤光片的相对位置。但是单个光子是如何知道两个偏振滤光片目前的相对位置的？它是如何随机地经过某个分束器的？在我们人类看来，它必须在分束器 1 处以某种方式将自己分开，这样才能同时处于两个光束路径中。但我们很清楚，这是不可能的，光子是不可分割的。通过从马赫-曾德尔干涉仪中去除一个分束器，并将单光子源射向另一个分束器，我们就可以很容易地证明这一点。如果此时把光子探测器放在两个出口处，我们会发现只有一个探测器会有响应，永远不会出现两个探测器都有响应的情形。光子并没有分裂，它以 50% 的概率随机地进行透射或反射。这是一种量子随机数生成器，在量子密钥分发中也有应用。此外，量子随机性是不可分的，它是量子力学事件中最基本的组成部分。因此，量子密钥分发时生成的随机数的质量最好。"

所以，现在你们看到的是量子物理学对人类的想象力进行了测试。量子对象的这种特性，即理查德·费曼（Richard Feynman）所说的它们能够"识别出"周围环境，人们通常把这一点称为"非定域性"。我们需要通过波函数来对它们进行描述。它的实际意义在今天的物理学中仍然是一个非常有争议的问题。但是我们也可以忽略更深层的意义，将波函数作为一种抽象的辅助结构来帮助人们理解量子物理的规则，你会发现信息的概念在这里发挥着非常重要的作用。实验中的位置信息可能存在也可能不存在，这一点取决于两个偏振滤光片的相对位置（如马赫-曾德尔干涉仪），可能两个狭缝都是开的，也可能其中一个是闭合的（如双缝干涉实验）。因此，换句话说，信息对粒子的表现有着直接的影响。即使我们想把物理实验中的现象称为"现实"，但它在任何情况下都与信息的概念直接相关。安东·蔡林格说："实际上，信息是宇宙最基本的组成部分。"(Zeilinger，2005b)

P.204

"早些时候，您提到说单个粒子撞击屏幕的位置受统计随机性的影响，那么为什么我们不能进行准确预测呢？"

"好吧，哲学家们也在争论这一问题。我冒昧地用一种不寻常的说法来进行解释：出于某种原因，量子对象并没有包含这方面的全部信息。我们可以用海森伯不确定性原理来表达，该定理指出了位置和速度之间的互补性。我来演示给你看！"

　　量子教授拿出一支小激光笔，指向黑板。我们看到的只是普通的小圆光点。然后他把一个小薄片放在激光的前面，问："你们现在看到的是什么？"我们看到了一种长条纹图案，具有对称的黑暗和明亮的光圈。教授讲解说："这其实是另一种干涉图案。我们感兴趣的并不是干涉本身，而是它产生的原因，直接原因是衍射现象。我们可以把它与水波通过狭窄的空间或遇到障碍物时发生的侧向发散作类比。光也会出现类似的现象。一般来说，光的衍射可以通过波前形成的新的波来进行解释，这就是惠更斯-菲涅耳原理（Huygens-Fresnel principle）。我来给你们提供一种不同的、更现代的解释：光的衍射也可以解释为量子效应，在单光子的实验中尤其如此。

P.205

　　在教授的小薄片里有一个用显微镜才能看到的小缝，用于让光线通过。这一缝隙非常小，用形象的语言来描述，就是一个量子的光只能勉强通过。从信息论的角度来说，这是一种位置测量，因为如果缝隙尺寸小于光子的尺寸，我们就知道光子的大小。在前面的实验中可以看到，当出现位置测量时，互补性就会自动消失。到目前为止，这种性质一直都是干涉，然而，与前面的实验不同的是，此时的干涉图案是位置测量产生的结果。因此，这一量子系统在逻辑上一定是另一种互补的性质。我们引入了一个新的值：光子脉冲。一方面，它在理论上的定义为质量和速度的乘积；另一方面，它与作用的量子及光波或物质波的振幅有关（我稍后讨论这个问题）。光子没有静止质量，但我们可以指定一个运动质量，特别是当光子传输能量时，根据爱因斯坦举世闻名的质能方程 $E = mc^2$，可以求出光子的运动质量。

　　"那么海森伯的不确定性原理是如何起作用的呢？换句话说，

位置不确定性和动量不确定性的乘积至少和极小的普朗克常数一样大。将其应用于衍射,指的是狭缝的位置测量降低了位置不确定性。反过来说,动量不确定性必然会增加。也就是说,位置信息越多的话,粒子的动量信息就会越少。我们看到当激光束没有直接穿过小薄片时,动量的矢量特征(即方向)就显现出来了,反之则会分散,这一点与前面提到的衍射相对应。衍射角随狭缝的尺寸增大而增大,接着位置不确定性会随之降低,这样才合乎逻辑。我们也可以用数学方法来表示。" P.206

"你解释了衍射,但没有解释干涉。干涉是如何产生的?"

"你已经知道了! 根据波的图像,干涉通常是由不同的相长和相消的波叠加而成的。这仅仅是衍射和量子对象的类波特性的结果,我们可以确切地证明这些结果的必然性。然而衍射之所以如此有趣,是因为它适用量子物理学的一个非常重要的基本原理——海森伯不确定性原理。它表明量子系统显然包含有限量的信息,而这些信息可以具有不同的分布,要么存在于粒子的位置信息中,要么存在于粒子的动量信息中,要么存在于两者之间。我对其中一个值了解得越多,对另一个值的了解就越少,反之亦然。然而我们无法同时获得两个互补量的完整信息,这并非出于我们的主观无知,而是体现了大自然的基本原理。由此我们可以得出一个非常重要的、将产生深远影响的结论——我们永远无法指定量子对象的确定轨迹,它的确切位置是由数学中的时间函数决定的。"

"这听起来非常理论化,很抽象。除了你举的例子,海森伯不 P.207
确定性关系还有其他意义吗? 对普通人和非物理学家也有意义吗?"

"呵呵!"量子教授说道,"看来我没有把意思表达清楚。不确定性原理最重要的就是对人类的影响。而且，没有它，我们人类将无法生存。你看，不确定性关系不仅在我们这里的小实验中起作用，而且在整个宇宙的每个原子中都起作用！我要指出的是，量子对象在本质上没有确定的轨迹。你想想，为什么化学课上我们要学习粒子的轨道，比如电子云和离域电子？所有这些都是受到不确定性关系的影响。只有在不确定性关系的基础上，才能够科学地解释原子键的形成，以及由此而产生的有机分子，这是所有生命的构成要素。事实上，如果没有不确定性原理，即使我们人类的DNA在遗传学方面符合经典物理学的规则，这一领域也永远无法取得进展！"

　　"还有，如果没有智能手机，今天的世界将会是怎样的？我们对此都难以想象！你知道吗，这项日常的小科技要归功于量子物理学。现代微芯片是基于半导体技术的，而半导体技术又基于固体物理学，即研究原子和分子的晶格结构。说到这，我们又不得不提及海森伯不确定性原理。半导体晶体管是每台电子计算机的基本组成部分，它是由三位美国量子物理学家发明的。这里就不展开来讲了，还可以给你们举无数个例子。最终我们会发现，如果没P.208有不确定性原理，整个宇宙就不会以我们已知的形式存在。"

　　"如果我们的世界如此强烈地受到量子物理学的影响，我们为什么注意不到日常生活中奇怪的量子法则呢？"

　　"首先，因为普朗克常数非常小，数值约为 6.626×10^{-34} J·s。这一数值比宏观系统的任何测量精度都要低很多倍。因此，对我们的日常体验来说，日用品的微小偏差可以忽略不计。"

　　"那么这一界限怎么划分呢？量子物理在哪里结束，而我们熟知的经典物理又从哪里开始呢？"

　　"很好的问题。说实话，我们不知道。我们只知道，随着物体大小的增加,即物体的质量越大,量子效应会逐渐"消失"。接着,量子形式自动并入经典形式。尽管如此,我们亲眼所见的是,宏观量子效应确实存在。超导体就是一个例子,观察悬浮在永磁体上方的陶瓷超导体将令人十分难忘,然而我们尚不清楚这一界限究竟应在哪里划分。在科学上,实验具有最后的决定权,我们也正在进行调查研究!目前科学界的观点是,所谓的海森伯切割的真正极限根本不存在,理论上的证明明确了这一点,我们最多只能通过实验来得到这一极限。那么如何做才能清晰地证明量子效应的存在呢?"

"你谈了很多关于干涉的内容,那么目前实验中的量子干涉的世界纪录是什么?"

"哦……其中一项纪录是由安东·蔡林格教授和他的助手、博P.209士生们于 1999 年创造的,在他们的悉心投入和出谋划策下,复杂的实验物理学变成了现实。还记得我刚讲解的双缝干涉实验中的电子吗?只要没有进行测量,它们就处于量子干涉状态。一旦进行测量,例如关闭其中一个狭缝时,就可以得到位置信息,那么干涉就会自动消失。蔡林格和他的团队能够展示出类似于世界上"最小的足球"的物质,即所谓的富勒烯分子。这些粒子由 60 或 70 个碳原子组成,呈五边形或六边形排列。富勒烯的重量约为 720 个原子的单位质量,为了合成它们,需要将熔炉加热到大约 600 ℃。接着这些量子足球会以非常高的速度喷射出去,然后他们击中了一种特殊的衍射光栅。换句话说,它们需要穿过许多小缝,然后通过特定实验记录它们的撞击点的统计分布。你们觉得结果是怎样的?没错,条纹图案,即干涉条纹,又出现了。由于衍射角非常小,所以如何进行测量将非常复杂,仅仅这部分就可以写出一篇博士论文。"

"那么，祝贺蔡林格教授和他的团队。我们好奇的是，他们如何证明这些量子足球能呈现出与信息相关的现象？换句话说，它们会对测量有反应吗？"

"哦，我差点忘了这一点！当然也是通过间接验证的。不过研究人员并没有关闭狭缝。将熔炉加热超过 1000 ℃，比之前的温度更高。科学家们发现量子干涉并没有完全消失，但变弱了许多。这是因为温度升高产生了更多的热辐射，即富勒烯与周围环境之间进行交换的光子更多。通过这种方式，分子可以显示出更多关于自身的知识，而观测者则能获得更多的信息。这有点像《汉泽尔与格蕾特尔》的童话故事，孩子们铺出一条白色鹅卵石小路，这样就可以显示他们走过的地方。在我们的例子中，这不是童话，而是科学实验，出现了一些非常有趣的现象。系统的量子态显然取决于它与周围环境的信息交换，甚至分子中的原子间的相互作用（"测量"）也很关键。随着这种信息交换的增加，它们的量子特性会逐渐减弱。用技术术语来说，系统正逐渐变得退相干，然而也可以将这种效果看作是不确定性关系的一种表现形式。由于温度更高，所以富勒烯的平均交换速度比以往更高，结果能够分配给它们的德布罗意波长减小了。因此，位置不确定性将增加，也就是说动量不确定性必然减小。其结果是，随着衍射角变小，干扰也就相应地变弱了。"

"你刚才说的是什么？德布罗意波长？"

"这一术语可以追溯到一位法国王子，他提出了物质波的概念。我想给你们讲一个故事。大家已经知道，为什么阿尔伯特·爱因斯坦获得了诺贝尔奖。他唯一一次获得诺贝尔奖是因为发现了光子。当时，这是革命性的。在此之前，人们一直认为光仅仅是一种电磁波。"

P.210

　　"然后爱因斯坦提出了一种效应,这种效应只能通过将光作为 P.211
一种量子化粒子来解释。今天几乎所有的太阳能系统和每一台数
码相机的测光表中都使用到了这种效应,就这样爱因斯坦颠覆了
物理界。几年后,维克托·路易·德布罗意王子(Prince Victor
Louis de Broglie)又一次颠覆了物理界,他认为原子中的电子呈现
为一种相波,在此之前,人们一直认为这种电子是点状的,这种相
波就是物质波。德布罗意推导出一个公式,指出物质的量子系统
(例如电子)的波长会随着质量的增加而降低,从而变得越来越退
相干。事实上,这一假设最初只是一种猜想,后来有人将这一假设
提交给爱因斯坦。爱因斯坦评论说,'他揭开了巨大面纱的一角。'
爱因斯坦借由'面纱'一词形象地表达了当时流行的感觉,即使物
理学家也普遍认为量子理论是深不可测的。当时,爱因斯坦和德
布罗意都不知道的是,不久前两个美国人利用他们提出的电子衍
射进行了物质波的实验验证,然而这两个美国人却不知道他们观
察到的现象其本质是什么。无论如何,德布罗意的伟大设想是量
子力学发展中非常重要的一步。后来,奥地利诺贝尔奖获得者埃
尔温·薛定谔(Erwin Schrödinger)在其波动力学理论中采用了这
一设想。"

　　"但我们人类也是由物质、原子和分子构成的,物质波的概念
是否也适用于人类呢?或者更具体地说,人类可以具有德布罗意
波长吗?"

　　"在理论上是有可能的。然而,得到的数字将非常小,比物理
学中已知的最小对象还要小很多次方。我指的是夸克,它与轻子
和规范玻色子一起构成了世界的基本要素。这其实是件好事,否 P.212
则的话,量子干涉也可能发生在人类身上,那也太可怕了!你们
看,随着物体质量的增加,德布罗意波长会变小。与微小的电子相

比，人类的质量则要大得多，所以德布罗意波长是无穷小的。因此，衍射和干涉将会小到我们无法进行实际测量。"

"这时我们可以引出一个重要的特性——退相干，这个词我们已经讲过许多次了。今天，已有相当多的科学证据表明，退相干的真正原因在于与环境的信息交换。还记得富勒烯和汉泽尔与格蕾特尔的白色鹅卵石小路吗？类似的事情在人类身上更常见。我们不断地与我们的环境相互作用，例如光学感知、温度交换及万有引力。然而最重要的是，组成人类的无数原子之间始终保持着联系。在某种程度上，这也相当于相互的"测量"。所有这些都指向一个事实：与量子对象相比，人类似乎是完全退相干的，这是件好事。谢天谢地，我们不会受到量子干涉的影响。"

"真是松了一口气！非常感谢您的讲解！我们马上要离开了，您还有什么要告诉我们的吗？"

"记住，在我们讨论的基础理论中，技术具有巨大的潜力。例如，技术是生成量子比特的基础，而量子比特可用于防窃听的量子通信。干涉仪可以用于研发系统，在物理学中的内在安全性的保护下将量子比特从爱丽丝传输到鲍勃。这种安全性是系统量子特性的本质特征，从更深层次上讲，它与信息的概念有关。事实上，你们已经发现，这种现象是一种普遍的属性。它不仅会影响光，还会影响包括物质粒子在内的所有的量子对象。因此，也可以利用物质粒子的性质实现量子比特，如电子自旋和核自旋。最后，退相干现象也表明了量子计算机及量子互联网的最大技术挑战。如果我们不想产生技术崩溃的风险，最重要的将是尽可能避免退相干，至少要在保证可靠的计算或传输的前提下避免退相干。"

P.213

3.2　相位加密

如 2.6.2 节所述，量子密钥分发协议有很多种。我们介绍了基于纠缠量子比特的 Ekert 协议，使用该协议的是一种非常有潜力的量子密码，在通过量子卫星进行远距离通信方面具有优势。到目前为止，大多数现有方法和许多商用系统都是基于没有纠缠的光纤电缆连接的。通常，它们使用的是相对不复杂的 BB84 协议。然而如果量子比特是在偏振态下编码的，那么这些光纤连接就会出现问题，量子比特的偏振方向会被光纤连续改变。另一种方法是相位加密，将不会发生这种效应，该方法适用于标准光缆。然而相位加密对于干涉测量精度的要求较高，这种系统主要用于目前的城域量子密钥分发网络。

什么是波的相位？

P.214

在经典物理学中，人们把光描述为电磁波。如果我们把磁振荡和电振荡分开（两者互成直角），剩下的就是一个简单的波列。这种波列也可以通过这种方式来得到：给定一个箭头，其尖端绕着一个固定的中心旋转，连续画圆。现在，把圆上的每个点投射到一个虚轴上。如图 3.2 所示，这是一个波的模型描述。如果现在我们在这一模型中添加第二个箭头，将会得到两个波列叠加在一起的图像。两个箭头形成一个相对的角度 $\Delta\varphi$，我们把它称为相位角，或简单地说是波的相位。特别引人关注的是叠加波的两种特殊情况。如果 $\Delta\varphi=0$，那么两个波为"同相"，波峰与波峰重叠，波谷与波谷重叠。如果我们再计算振幅之和，加起来的数值是单个波的振幅的两倍，则称之为相长干涉。相对地，如果该值为零，即两个波列相互抵消，则称之为相消干涉。

P.215

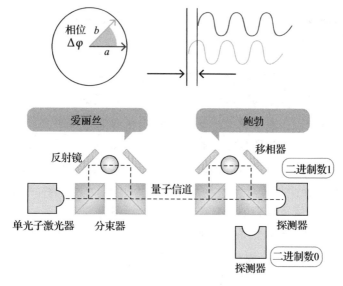

图 3.2 用于相位加密的"大型"马赫-曾德尔干涉仪设备（由两个非对称马赫-曾德尔干涉仪组成），矢量图用于说明相位关系

非对称马赫-曾德尔干涉仪

对于已成功地从量子教授的量子光学课堂毕业的我们而言，理解非对称马赫-曾德尔干涉仪的功能原理是没有问题的（见图 3. 2）。"非对称"这一名称是指 U 形分束器的不同长度。我们再次需要一个理想化的调试良好的非对称马赫-曾德尔干涉仪。假设入射光在分束器和反射镜处发生 90°相移，也就是说，每次波列的相对位置的变化 $\Delta\varphi=90°$。在这种情况下，只有表示二进制数 1 的探测器将会有响应，而表示二进制数 0 的探测器将永远不会有响应。当然，原因在于上面的"U 形"光和下面的直射光之间的相位差是 360°，也可以说成是 0，所以没有光子到达。结果是发生相长干涉，

P.216

波峰继续与波峰重叠,波谷继续与波谷重叠。在表示二进制数 0 的探测器处出现的波列则不一样,这种情况下的相位差为 270°−90°=180°,对应于相消干涉。这一点很直观,因为所有的光强都进入了表示二进制数 1 的探测器。

量子密钥的生成

非对称马赫-曾德尔干涉仪适用于量子密钥分发。爱丽丝和鲍勃是两个人/通信双方/计算机,他们希望进行完全防窃听的通信。他们使用的是一个由非对称马赫-曾德尔干涉仪作为发射和接收单元的量子密钥分发系统。这些单元可能是通过光缆来实现相互连接的。由两个非对称马赫-曾德尔干涉仪组成的系统也被称为"大型"马赫-曾德尔干涉仪。它们使用一种特殊的单光子激光器作为光子源,还有一个量子随机控制的移相器,它能够根据配置改变波的相位。爱丽丝的测量配置未知,因为她通过量子随机数生成器来得到值。然而为了实现最大的安全性,生成的量子随机序列必须直接(无缓冲)传输到自动移相器。

现在进行量子加密。使用的协议是 BB84 协议,它与 Ekert 协议在顺序上没有什么不同。一般 Ekert 协议的步骤 1、3、5 和 6 保持不变,根本的区别在于步骤 2 和步骤 4(见 2.6.2 节):P.217

• 第 2 步:生成量子密钥。爱丽丝和鲍勃量子随机地改变相位。为了实现这一目标,他们使用的是移相器。当移相器的相位差为 $\Delta\varphi=0$ 时,只有表示二进制数 1 的探测器会有响应。如果 $\Delta\varphi=180°$,只有表示二进制数 0 的探测器会有响应。现在如果爱丽丝源源不断地发射单个光子,就会形成一个二进制数的量子随机序列。爱丽丝从该序列中取出一个子集,作为后续的一次一密密钥(见 2.6.1 节)。更一般而言,爱丽丝和鲍勃量子随机地生成测量基，然后进行公开传递，用于排除其他不同的基的测量值。当测量基相同时，则是相关比特，否则的话，前文所述的相位关系将不存在，也无法准确预测哪个探测器将做出响应。为了区分这一点，爱丽丝和鲍勃使用的是一条经典信道，该信道专门用于传输各自的光子和相应的基（而不是相关比特）。

P.218

•第 4 步：攻击测试。通过生成列表的统计评估来实现对窃听攻击的检测。为了实现这一目标，爱丽丝和鲍勃采集足够数量的测试比特，检测它们是否匹配，当然他们会从实际密钥中删除这些比特。我们需要再次考虑量子密钥分发的目标。目标不是通过单个量子比特直接传输信息，这在物理上是无法实现的。我们只需要生成并指定一个原始的、绝对随机的量子密钥，然后使用一次一密，通过普通互联网进行后续数据传输。攻击者伊芙的任何攻击都能在密钥传输过程中被自动检测出来，从而保证了系统的内在安全性。如果发生攻击，爱丽丝和鲍勃可以在进行数据传输之前将密钥丢弃。在量子密钥分发网络中，密钥管理层会发出警报并提供新的线路，或者在短时间内提供已经生成的安全量子密钥。

窃听攻击的检测

不可克隆定理的有效性是系统的内在安全性的基础。对于窃听者伊芙来说，整个量子态必须与伊芙共存，且独立于爱丽丝，才能获得量子密钥。然而根据不可克隆定理，这是无法实现的，原因是无法实现对量子态的完美复制。在实践中，对伊芙的每一次尝试进行测量，都会影响整个量子态，通过测量统计可以很容易发现这一点。例如，爱丽丝和鲍勃在两个不同的测量基上改变了他们的移相器。在矢量图中，一个基是"0°～180°"轴，而另一个基是"90°～270°"轴。通过完全随机地旋转移相器，可得鲍勃平均 50％

的测量是在正确的基上（相关比特）进行，50％的测量是在错误的基上（不相关比特）进行，因为 $\Delta\varphi$ 不等于 0 或 180°。假设伊芙试图进行窃听，并通过内幕消息知道了这两个基。此外，她使用相同的非对称马赫-曾德尔干涉仪进行相位测量，并以极快的速度将接收到的比特转发给鲍勃。即便如此，伊芙也无法成功。由于量子是 P. 219 随机生成的，这点无法事先知道。伊芙 50％的测量是在正确的基上，50％的测量是在错误的基上。而在错误的基上进行的测量将必然会影响到鲍勃的测量。接着，他只能用伊芙所发送比特的 50％来与爱丽丝的比特进行匹配，总错误率将是 25％。爱丽丝和鲍勃在进行值的比较时会立即发现这一点。从理论上来说，伊芙可以尝试每隔两个或三个光子进行测量，错误率将分别降低到 12.5％或 6.25％，依此类推。在某种程度上，这一错误率可能不会被发现，但即便如此，对伊芙来说也没用，因为她也会以同样的比例不断地丢失密钥信息。

诱骗态量子密钥分发

然而现实中并不存在完美的单光子源。因此，实际应用中需要使用强度很低或相干性很弱的激光器。这样将会出现多光子态，大大限制了安全传输的速率。例如，窃听者在测量生成的单个光子时可以使用分束器来保持不被发现。而我们不希望在保证安全的同时，将传输速率降低。通常这个问题可以使用诱骗态来解决。爱丽丝使用的不是相干激光束，而是不同光强的激光脉冲（一个信号态和若干诱骗态）。结果，光子数量的统计在整个信道中都将会是不同的。然后爱丽丝向鲍勃报告每个量子比特上使用的光强级别。通过对每个级别的误码率进行测量，可以有效检测出任何窃听攻击。目前的量子密钥分发测试网络主要使用的是这种系统。科学研究已证明，诱骗态能够有效提高安全性。

P.220

3.3　薛定谔的猫

　　关于猫的理论。前一分钟，小猫们还深情地蜷缩在我们的腿上，亲昵地打着呼噜。下一分钟，它们就疯狂地嘶嘶作响，又抓又咬，突然变成了毛茸茸的小恶魔。在猫的体内，似乎有两种不同的标准在打架，就像两个不同的量子态。难怪猫会成为世界上最著名的科学思维实验的实验对象。

　　在欧元还没有问世的时候，奥地利人使用先令支付商品的费用，那时的 1000 先令纸币上有蓝色浮雕，上面刻画着一个留着学者发际线的人物形象。这个人就是量子物理学家和科学理论物理学家埃尔温·薛定谔。当然，一个国家只会将声望很高的人的头像印在纸币上。实际上，埃尔温·薛定谔是波函数之父，也是波动力学的创始人，他对量子物理学的贡献是无可比拟的。

　　我们回到牛顿定律。通过牛顿运动方程，可以计算出任何经典物体的运动轨迹曲线。然而，牛顿公式在处理涉及原子的非经典问题时却彻底失败了。举个例子，考虑围绕原子核的电子"轨道曲线"。一方面，由于不确定性关系，根本不存在清晰的轨迹曲线。因此，这一概念在本质上是没有意义的。另一方面，经典电动力学与这种现象有关。旋转的加速电荷，如电子，会产生电磁波。为了维持电磁波的存在，其需要永久地从环境中汲取能量。合乎逻辑
P.221
的结果是，电子将通过螺旋的轨迹落入原子核。当时科学家们无法解释原子是如何保持稳定的，而理论物理学家忙碌于解决许多问题，这只是其中的一个。

　　埃尔温·薛定谔提出了两个巧妙的方法，使原子问题得到了

惊人的解决。首先,他引入了波函数的抽象概念。其次,他把 Ψ 函数嵌入到一个所谓的本征值方程的结构中。其结果是举世闻名的薛定谔方程,是当代物理学中用的最多的公式之一。为了对它有一个初步了解,我们想象一下量子计算机中的量子比特。具体地,将量子比特表示为基态的线性组合,测量时总是会衰减为本征值 0 或 1。薛定谔采用了这种最初源自线性代数的数学结构,并在泛函分析的帮助下成功地将其应用于原子。与量子比特类似,原子和分子的本征态和本征值同样可以计算出来,但方法要复杂得多。马克斯 · 玻恩(Max Born)将本征态(本征函数)的振幅平方解释为物理测量值的概率。人们通常将其称为轨道,轨道构成了现代化学的基础。例如,相关的本征值对应原子的量子化能级。在量子力学中,通常将测量值分配给埃尔米特算符,相关本征函数的本征值对应实际的测量值。请注意,波动力学并不是量子力学的首个数学表示方法,等价的海森伯矩阵力学的提出时间更早一些。然而人们通常认为薛定谔方程没那么冗杂,因为它在状态运动方程中考虑了算符和波函数。而在矩阵力学中,运动方程代表算符本身,之后薛定谔方程得到了进一步的修正和发展。英国理论物理学家保罗 · 狄拉克(Paul Dirac)将其与狭义相对论相结合,得出一个轰动性的发现:反粒子的存在,如正电荷的电子。这一发现开启了一个新的发展阶段,该阶段后来被人们贬称为"粒子动物园",但形成了今天所有现代物理学的基础。1933 年,薛定谔和狄拉克共同获得诺贝尔物理学奖。

P.222

猫的佯谬

在学术界,埃尔温 · 薛定谔因一个世界闻名的比喻而家喻户晓。每个孩子都听说过薛定谔的猫,但这个词的含义是什么呢?

量子教授已经向我们讲述了波函数这一术语。波函数与叠加态，即叠加现象，又有什么关系呢？如前文所述，量子物理学对多种不同状态进行了描述：量子计算机中的量子平行、干涉仪中的叠加、原子和富勒烯中的干涉等。这种影响是否无处不在，甚至存在于更大的所谓宏观系统中？甚至存在于人类身上？作为一名物理学家，量子教授已经给出了自己的观点。事实上，早在几十年前，薛定谔在 1935 年发表的一篇期刊论文中就提出了这个问题。也许出于某种深思熟虑，薛定谔在他的论文中使用的不是人类，而是让一只猫扮演主角。任何时候，这位杰出的物理学家的工作都是围绕富有生命活力的生物来展开。此外，他还写了一本广受赞誉的书，书中他谈到了有关生命起源的问题。后来，沃森（Watson）和克里克（Crick）发现了人类 DNA，然而在此之前，薛定谔就已经预测到了。薛定谔不仅是一位杰出的科学家，而且是一位口才出众、风格独特的作家。因此，我将"关于猫的论文"摘录如下：

P.223

　　……我们甚至可以进行十分荒谬的实验。一只猫被关在一个钢板制成的房间里，房间里有以下设备（需要加以保护，防止受到猫的直接干扰）：盖革计数器中放有一点点放射性物质，量非常少，一小时内发生原子衰变的概率为 50%，不发生原子衰变的概率同样为 50%。如果发生衰变，计数器管道会放电，通过继电器启动一个锤子，将一小瓶氢氰酸击碎。现在将整个系统放置一小时，人们认为，如果没有发生原子衰变，猫就还活着。整个系统的波函数通过活猫和死猫的叠加态来进行表达。这是一种典型的情况，使最初局限于原子领域的不确定性转变为宏观上的不确定性，接着可以通过直接观察得到解决。但是我们无法接受这样一个代表现实的"模糊模型"。

我们回到量子教授的马赫-曾德尔干涉仪实验(见图 3.1),并将实验应用于猫的悖论。从源中发出的光子在分束器 1 处进行透射或反射的量子随机概率为 50%。猫的悖论中的情形与此类似,猫是死了或活着的概率为 50%,其状态取决于原子是否发生衰变,从统计角度来说,每种情况发生的概率均为 50%。马赫-曾德尔干 P.224涉仪中存在两种可能性的叠加。当我们看到干涉条纹时,就认识到了这一点。实验可以用波函数来表示,如下所示:

$$\Psi = \psi_{透射} + \psi_{反射}$$

类似地,薛定谔非常严肃地提出了这样一个问题:在钢板制成的房间里,猫的状态是否也应该由叠加态决定,即

$$\Psi = \psi_{猫死了} + \psi_{猫活着}$$

他通过幽默的方式提出这个问题,让人不禁想起爱因斯坦所说的"幽灵"。和爱因斯坦一样,他想证明实际情况与我们的日常经验相矛盾。没有人见过猫的干涉图案,当然也没有人见过人类的。但由于量子理论允许出现这种怪异的情况,因此,薛定谔在他的论文中间接地进一步提出了几个问题:

1. 量子力学理论也适用于宏观对象吗?

2. 是否存在一个规定的限度,超过了,量子理论就不再有效?

3. 测量过程在量子力学的哥本哈根解释中扮演什么角色?

大多数物理学家的解释

事实上,对于薛定谔猫的悖论,我们仍然无法得出科学的定论。思维实验不仅为许多种解释提供了空间(其中一些解释相当奇怪),而且为一些修改后的具体实验提供了空间。然而确实存在一种看似合理且相当优雅的解释,大多数物理学家对此都表示同 P.225意。只有将猫和实验机器都当作量子对象来对待,死猫和活猫的

叠加才可能存在。然而如果真是这样的话，实验就无法实现。因为存在一种"内部"的测量过程，使得实验开始时所有的后续测量都已完全退相干。此时，猫和测量设备立即成为经典对象，不再适用量子理论。这种内部测量过程可以解释为与环境的信息交换。造成这种结果的主要原因是组成猫的无数原子和分子、实验设备、盒子本身及盒子里的空气。一般来说，这种情况还存在另一种观点。量子力学的哥本哈根解释假定在没有测量之前，任何现实都不存在。任何现实都仅仅是测量所得的结果。如果原子衰变和猫真的是纠缠在一起的量子对象，那么猫的生或死是不确定的，只有打开房间（对应于测量过程）才能将其中一种状态变成现实。然而由于退相干的原因，测量过程简化为原子衰变，那么原子衰变就必须与猫完全独立。我们假定任意测量过程本身都符合经典理论。

为什么我们所感知的世界符合经典理论？

薛定谔猫的悖论中的矛盾在于，量子理论允许在任何地方都存在叠加和纠缠，但我们在日常生活中却没有发现这一点。我们看到的猫，以及我们接触到的任何其他物体，似乎都没有以奇怪的叠加态存在，或者也没有模糊地同时出现在几个地方。恰恰相反，所有的事物都有固定的位置、清晰的轮廓、明确的速度和确定的运动方向。这种经典的观点似乎与奇特的量子世界格格不入。我们可能会认为量子只是经典物理学的一个特例，它只存在于最细微的细节上。而实际的情况恰恰相反，我们的日常世界是量子物理学的一个特例，因为退相干效应起到了主要作用。每一个细菌都是经典的对象，即使它很小，我们的肉眼也难以辨别。我们从这一事实可以看出退相干效应所起的作用。

那么退相干究竟是如何产生的呢？数学理论预测，微观层面

P. 226

的叠加会导致宏观层面的叠加。然而生成的结果是系统的状态与环境的状态纠缠在一起，这是一种非定域量子态。通过与环境的自由度交换信息，宏观叠加就会变得非定域。这一过程可以通过一个多维空间来进行数学描述。然而从我们所处的低维视角来看，世界似乎是定域的、独立的，因此是经典的。

　　需要注意的是，量子干涉会在定域条件下消失，但这一点并不是普遍的。只有从定域观测者的角度来看，我们的世界才会是经典的。最轻微的作用（如光、空气分子的散射等）都会引起退相干过程，这一点也可以应用数学理论加以证明。因此，在我们看来，人们所感知的世界必然是经典的。许多理论物理学家认为，事实并非如此，世界具有非定域的特征，甚至整个宇宙也是如此。这一观点很适合作为自然哲学的新范式。

量子信息技术中猫的状态 P.227

　　退相干还解决了关于量子互联网研发的一个基本技术问题。宏观对象必然会与环境的自由度相关联，这种效应的显著程度取决于环境的性质，以及与环境的相互作用。一方面，对于原子这类微观物体，退相干通常会非常弱，因此原子表现出很强的量子特性。另一方面，对于较大的分子，这种关联更为明显，从而导致蔡林格在富勒烯中进行量子干涉的检测十分困难。作为宇宙中已知的最复杂的分子，人类的 DNA 是退相干的，因此其特性大多是经典的。我们是如此幸运，否则的话，遗传根本无法实现！

　　基于上述原因，量子设备必须创造特殊的条件，阻止其与环境进行信息交换。这一点尤其适用于量子计算机。以往看起来有点超现实的种种尝试表明，量子计算机的关键在于研发出能够最大程度地防止退相干的系统。如果你曾经想问一个问题，超高真空或接近绝对零度的超低温有什么用？那么这就是答案：这类环境能够尽量长时间地保持相干性。

另一类量子过程是通过所谓的宏观量子态来表示的，例如，当达到某个温度时会突然启动。这类宏观量子态包括超导性和玻色-爱因斯坦凝聚。我们正在寻找的是尽可能独立的系统，同时可以被操纵，且具有良好的相干特性。这是量子互联网的最大挑战，但首先是量子计算机的最大挑战。通过使一组数量足够大的量子比特保持相干性，我们才能够用它们执行有趣的操作，目前我们还无法实现这样的系统，这是目前最重要的任务。我们仍然无法给出对性能和规模的明确评估。然而如前文所述，世界的本质是"相干的"。因此，最令人兴奋的问题是，哪些领域可以开发出实际的技术应用，自然本身可能正是通过这种方式进行校正的。

3.4 研讨：传送人，可能吗？

在我们这个时代，几乎没有一个物理概念能像传送（或者更准确地说，量子隐形传态）那样强烈地激发人类的想象力。这种强烈的兴趣首先源自一个问题：我们能否像科幻连续剧《星际迷航》中那样，将人从 A 点传送到 B 点？关于这一点，量子互联网的研究人员几乎没有进行任何关注。然而我们可能会问：如果梦想成真会怎样？我们再次回到虚构的量子光学研究所，量子教授将向我们介绍关于这些奥秘的理论和实践。

"欢迎，欢迎！很高兴你们能和我一起参加另一项研讨，这一次的研讨内容是关于物理学中最令人兴奋的事情：量子信息传送。大家都很清楚，这与你们在科幻小说中看到的内容无关。我们要做的是，将特定的量子信息从一个对象传送到另一个对象。另一个量子对象已经存在,且在空间上与第一个量子对象分离。所以 P.229 实际上我们传送的并不是物质,而是某些物理属性。特别令人惊奇的是,实验者甚至不需要知道传输的状态是什么。换句话说,当我们进行传送时,可以做到盲传。因此,物理学中的隐形传态和科幻小说中的传送具有本质区别,后者的出现仅仅是为了降低这类电影的制作成本……让我们来看看一个相当简单的隐形传态实验,然后对可能出现的一些常见问题进行讨论。"

　　量子教授带我们进入一个神秘的黑暗房间,只有通过奇怪的激光才能照亮它。在一张大桌子上,我们看到各种各样的镜子和其他设备。突然,黑暗中出现了两个人影。他们微笑着,看起来很友好。"我来介绍一下,"量子教授说,"我的两个助手:爱丽丝和鲍勃,他们现在将进行光子隐形传态实验。"

　　量子教授把我们带到一块白板前(见图 3.3),上面的图似乎是实验的理论背景说明。

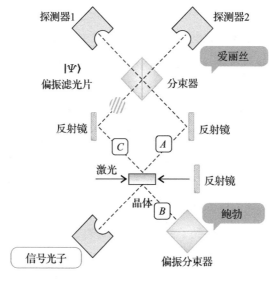

图 3.3　光子隐形传态

　　不知为什么，其中一幅图让我们想起了上次研讨中的马赫-曾

德尔干涉仪。"没错!"教授赞许地说，"这是经过高度改进的干涉

仪。此外，还有一个非线性晶体系统，以及一个偏振分束器。通过

P.230　偏振分束器和两个探测器（未显示），我们可以进行偏振的测量，普

通分束器无法做到这一点。我的助手爱丽丝开始进行隐形传态实

验，她使用参量下转换创建了两个 EPR 对。然后她制备好一个用

于传送的粒子状态，并用第二个 EPR 对中的一个粒子进行贝尔测

量。鲍勃则对分配给他的 EPR 对中的光子进行测量。这样，他能

够得到爱丽丝的光子的量子态，从而实现从爱丽丝到鲍伯的量子

信息传送。我们设计的干涉仪需要非常精确，这一点只有在干净

和受控的实验室环境下才能实现。因此，我们同时采用了光纤耦

合器和基于量子力学隧道效应的分束器，这样……"

　　"对不起，教授，你能解释得更清楚一些吗？"

　　"嗯，好的。我再慢慢地给你把每一步重新解释一遍。"

　　"我们从参量下转换开始。你已经从量子密码中知道这个术

语了，一个蓝色的激光经过晶体，生成了一对偏振纠缠的红色光

子。爱丽丝接收到其中一个（A），鲍勃接收的是另一个（B）。激光

P.231　被反射镜反射，再次经过晶体，生成第二个纠缠光子对。其中一个

作为信号光子（表示光子已经准备好进行隐形传态实验），另一个

（C）则在爱丽丝处。通过一个可调的偏振滤光片，可以生成需要进

行传送的态 $|\Psi\rangle$。由于历史的原因，纠缠光子以物理学家爱因斯

坦、波多尔斯基和罗森的名字（EPR）命名。"

　　"蓝色激光的一个光子如何生成一对纠缠的红色光子？"

　　"这是因为蓝色光子的能量是红色光子的两倍，红色光子的频

率只有蓝色激光的一半。由于原因比较复杂，我不对细节进行赘

述。光子从晶体飞向不同方向,形成两个锥体的形状。在两个锥体重叠的地方,无法对这些粒子进行区分。在某种程度上,信息消失了,而这是纠缠态存在的一个重要前提条件。"

"这些粒子通过什么纠缠在一起?"

"它们是正交偏振的。也就是说,如果根据偏振面,对其中一个光子进行测量,那么另一个纠缠粒子的偏振面将自动与它成直角。"

"贝尔测量的工作原理是什么?"

"爱丽丝把两个光子 A 和 C 一起放入分束器,然后她用探测器 1 和探测器 2 对它们进行测量。说到测量,记得我们在第一次研讨时介绍了马赫-曾德尔干涉仪。当我们在光的路径上插入偏振滤光片时,我们发现,如果两个偏振滤光片成直角,干涉就会立即消失,然而这也意味着光子 A 和 C 一定是垂直偏振。现在我们知道, P. 232 在调试良好的干涉仪的情况下,两个探测器都会有响应。这一点与干涉完全不同,干涉则只有一个探测器会有响应。这是一个明确的衡量标准。"

"这和现实中的隐形传态有什么关系?"

"这一点是合乎逻辑的。爱丽丝在探测器 1 和探测器 2 上对光子进行了测量,她明确知道 A 和 C 是垂直的。但是由于纠缠使 A 和 B 也成直角,所以状态 B 和 C 是相同的。现在鲍勃用他的偏振分束器和后面的两个探测器(未显示)来对这种偏振状态进行测量。纠缠消失的同时,即完成了隐形传态。因此,爱丽丝生成的状态 $|\Psi\rangle$ 传输到了鲍勃的光子 B 处。"

"有道理。现在鲍勃得到一个状态和爱丽丝的一样的光子。这跟隐形传态有什么关系?就好像拿出一张纸,画上爱丽丝的状态,然后将纸传真给鲍勃。为什么大家不把它叫作量子传真?"

量子教授解释说:"事实上,这种想法很合理,但传真就意味着对信息进行了复制,这在量子物理学中是绝对不可能的。我们的实验并不是如此。注意,在量子态出现在鲍勃的光子中的那一刻,爱丽丝的光子的量子态就消失了。所以量子信息所进行的不是复制,而是传输到了另一个与之在空间上分离的量子对象上(我们的例子中是一个光子)。从本质上来说,这就是量子力学的另一个基本定理——不可克隆定理。"

P.233　　"但如果爱丽丝和鲍勃同时对两个粒子进行测量呢? 那么你将会得到两个同样的状态,也就实现了信息的复制。这样,实验就会支持爱因斯坦的 EPR 定域性理论,而否定不可克隆定理……"

"不会的。因为幸运的是,爱因斯坦的相对论指出,不可能存在绝对同时性。也就是说,我们总能找到一个参照系,在这个参照系中事件不是同时发生的,这样一切都说得通了。据我们所知,不可克隆定理与隐形传态不矛盾,相信我。截至目前,还没有人可以提出能够反驳不可克隆定理的科学证据。"

"但是在隐形传态过程中粒子是如何保持原样的? 如果传送的根本不是物体本身,那么粒子如何才能保持物体的特征?"

"这就引出了一个问题,即事物个体的特征到底是什么?"

"我们以人类为例。每个人大约是由 10^{28} 个原子组成的,这是一个趋于无穷大的数字,有 28 个零。你、我、爱丽丝、鲍勃,我们都是由相同类型的原子组成的,主要成分是碳和氢。既然组成我们的材料成分是一样的,那么是什么造就了我们的特征呢? 答案很简单:即这些原子的排列方式。也就是说,决定我们在现实世界中的样子、令我们与众不同的是每个人的原子的属性信息,而不是物质本身。量子隐形传态中传送的正是这种信息。我曾说过,信息和特征没有区别。因此,可以说传送的内容就是特征。"

"爱因斯坦的相对论是否存在某种矛盾?毕竟,量子隐形传态的速度比光速还快。关于这一点,相对论是明确禁止的,不是吗?"

"哦,你得明白相对论的真正含义。它并没有说不存在移动速度比光速更快的物体,而是指我们可用信息的传输速度无法超过光速。事实上,这一理论也适用于量子隐形传态,因为鲍勃永远无法确切地知道隐形传态是否成功。因此,他需要去问爱丽丝,而爱丽丝回复他的速度无法超过光速。"

P.234

我们可以这样用技术术语来表达:"对于这种信息,鲍勃必须放弃使用量子信道,转而使用经典信道。"

"为什么鲍勃一定要问爱丽丝关于隐形传态是否成功的问题?如果爱丽丝站在鲍勃对面,她可以朝鲍勃挥挥手之类的。"

"当然,他可以通过视觉来接收爱丽丝或探测器发来的信息。为了达到这个目标,至少需要有一个来自爱丽丝或探测器的光子传输到鲍勃的眼睛。如果要说什么物体的速度比光还快,那只有光本身!"

"回到你的第一个问题。你还记得伯特曼博士的袜子吗?如果这双袜子是量子的,那么两只袜子的颜色将是完全不确定的。只有当约翰·贝尔(或其他人)看到它们时,两只袜子才会呈现出可能的颜色。理论上,在看到袜子之前,我们不知道它们的颜色。我们的实验也是如此,共有四种不同的可能性,即所谓的贝尔态,它们都是客观随机的,其中只有一种状态能实现隐形传态。由于所有的状态概率相同,所以平均有 25% 的概率会发生隐形传态。因此,鲍勃永远无法确定本次测量是否是隐形传态。只有当他从爱丽丝那里得到信息时,他才能确切地知道。为了实现这一点,他需要一条经典信道。"

P.235 　　"好吧。如果隐形传态传送的不是具体的量子对象，而是单纯的信息，即刻画原始特征的信息，我们可以假设人类也是由一定数量的信息组成的，且能通过某种方式来传递这些信息，那么是否可能实现人的传送？"

　　"恐怕要让你失望了！根据今天的估计，人的传送是绝对无法实现的！"

　　"为什么？你刚才说了，人类是单纯的信息，理论上，信息是可以传送的。"

　　"这确实是一个无法解决的问题。我们无法读取世界上任何一个人的全部信息，原因是海森伯的不确定性原理。人类是由 10^{28} 个原子组成的，你需要知道这些原子的排列方式，即这些原子的确切位置和动量。根据海森伯的不确定性原理，我们无法同时知道粒子的位置和动量。"

　　"但是为什么你用实验中的光子能实现信息的传送呢？它们不符合海森伯的不确定性原理吗？"

　　"当然符合。但即使是在我们的实验中，也无法传送光子的全部信息。记住，纠缠仅存在于粒子的偏振中，传送的只是这部分信息。从理论上讲，只有在我们完全不进行测量的情况下才能实现完整信息的传送。然而这样也无济于事，因为一旦我们想获得这些信息，就必须进行测量，而测量会自动破坏整个系统。"

　　"如果是这样的话，我们根本不明白为什么隐形传态会起作用。一方面，它建立在纠缠的基础上；另一方面，一旦鲍勃对粒子P.236 的状态进行测量，就会破坏纠缠，没有纠缠就没有隐形传态了。"

　　"思维很敏捷！我们来仔细研究一下。第一次研讨中的马赫-曾德尔干涉仪只有一个光子，而这里我们用的是两个光子，情况就不一样了。探测器 1 和探测器 2 只能确定两个光子是否是垂直偏振的，而无法确定两个光子的具体偏振方向。从这个角度来说，探测器无法显示完整信息。我们只有一定程度的纠缠，然而足以实现隐形传态。当鲍勃用偏振分束器后面的探测器进行测量时，会将这种纠缠破坏掉。只有这样，才能知道粒子的具体偏振方向。"

"那么不能像光子那样，至少传输人的部分信息吗？进行部分隐形传态实验？"

"你确实很执着！好吧，即使我们不考虑海森伯不确定性原理的问题，在实际应用时也会失败。目前我们只能处理若干个原子，然而如何实现10^{28}个原子的纠缠呢？即使我们可以做到这一点，那么如何才能让这种纠缠生效？从理论上讲，纠缠即意味着无法区分，我们所做的将会让我们失去信息。而如何使用像人这样的宏观对象来产生量子相干性呢？想想薛定谔的猫！如果我们把一个人（而不是猫）放在一个钢板房间里，他也会立刻变得退相干。只有内部的热量交互作用，即组成人的无数原子与环境的原子之间进行必然的信息交换，才会导致这种退相干。这里甚至没有考虑其他客观因素，如万有引力。此外，如果想通过我们实验室里光子的那种方式来进行人的隐形传态，还有一个无法解决的困难，即传送对象必须与另一个 EPR 对象纠缠在一起。这样做会发生什么，或者实际上意味着什么，我们完全无法想象。然而在科幻小说中，将人进行传送的想法仍然根深蒂固。"P.237

"那么，量子隐形传态的意义是什么呢？"

"量子隐形传态最重要的意义在于它是技术的未来。你看，作为一种在量子互联网上连接量子计算机的方法，量子隐形传态的潜力十分巨大，人们早已证明可以实现单量子比特的隐形传态。此外，还可以实现远距离的隐形传态。中国团队在国际上首次实现了数千千米的量子隐形传态。我们在实验室里进行的实验可以通过更复杂的量子卫星来完成！在这种情况下，爱丽丝和鲍勃之间的距离可以很远。你也知道，通过纠缠交换（即纠缠的隐形传态）可以得到量子中继器。有了量子中继器，就满足了量子互联网最重要的要求。可以看到，在我们这个相对简单的实验中，传输的都是单个光量子的偏振态。从理论上讲，可以将同样的方法应用于更复杂的纠缠态，也许在未来研究人员将能够成功地创造和制备出这种极其复杂的状态。接着，我们可以将一台量子计算机输出的纠缠态传送到另一台量子计算机作为输入。谁也不知道未来会发生什么，哪些技术应用将成为现实？例如，我们现在已经可以使用 3D 打印机了。我可以从互联网上下载复杂的数据，然后通过 3D 打印机生成三维结构。想象一台量子设备，它能通过隐形传态将复杂的量子信息从量子云下载到现有的存储介质中。从理论上讲，量子计算机能够对庞大的原子和分子结构进行模拟。因此，未来也许能开发出一种用户自适应的奇特材料。这种材料将会非常方便，因为除了它本身的外形以外，我们还可以根据需要来合成相应的材料，更准确地说，这一点得益于它的量子特性，我们将能够为广泛的应用进行材料设计。当然，这一切都还只是猜测和想象。从物理学的角度来说，这些想法在理论上都是有可能实现的。无论如何，量子隐形传态是一项令人非常兴奋的技术，我们还远远未发掘出它的全部应用领域。"

3.5　未来之旅

　　量子物理在量子互联网中扮演着重要角色，爱因斯坦的相对论也是如此。同时，相对论也间接确保了量子物理的内在安全性，最重要的原因是相对论为不可克隆定理提供了支撑。本书将在下文对此进行介绍,使读者能够更清晰地理解这种关系。

我们首先来上一堂狭义相对论的速成课。假设超级工程师吉罗·吉尔鲁斯(Gyro Gearloose)发明了能够达到极高速度的终极宇宙飞船。现在,休伊(Huey)和杜威(Dewey)把他们的兄弟路易(Louie)放进宇宙飞船,飞船载着路易离开了地球。飞船加速,几乎达到光速(真空中大约是 1.08×10^9 km/h),几个月后返回地球。然而当路易走出飞船时,他大吃一惊。在他出发去太空时,路易和他的两个兄弟休伊和杜威都是孩子,现在休伊和杜威的年龄已经和他印象中的伯祖父史高治·麦克达克(Scrooge McDuck)一样大了。这怎么可能呢? 宇宙飞船是时间机器吗? 路易显然已经进入了两个兄弟的未来,而他自己却(几乎)跟离开时一样年轻。

P.239

这是真的! 也许你曾听说过这个佯谬,佯谬的主角是双胞胎、三胞胎或手表。不过,很难相信这样的事情真的会发生。事实上,佯谬对于载人时间旅行来说确实是纯科幻,但对于基本粒子来说则不一样。有人说,在物理学中只有经过实验充分验证的自然规律才能被人们接受,那么我们来看看相关的实验。

事实上,三胞胎佯谬只是对相对论的"核心内容"的一种夸张描述,人们将它称为时间膨胀效应,当然用上文所述的方式进行实验是不现实的。但是当我们把宇航员路易缩小到只有一个基本粒子的大小时,将更容易使他加速到适当速度,即"相对论"速度。在自然界中观察这种"时间旅行"其实很容易。举个例子,当宇宙射线的高能粒子与空气分子相撞时,会在距离地球表面约 10 km 的地方形成 μ 介子。这些 μ 介子几乎以光速运行到地球表面,我们可以进行测量。更有趣的是,μ 介子的平均寿命非常短,它们的衰变时间大约是 1.5×10^{-6} s。在这么短的时间内,即使以光速运行,它们也无法移动 0.5 km 以上。原因其实很简单,每一个 μ 介子都

P.240

像我们举的三胞胎佯谬例子中的路易一样，进入了未来。或者，我们换一种说法：相对于地球时间，μ 介子的所谓的本征时间急剧变慢。因此，μ 介子运动时所经过的时间比我们在地球上经历的时间要短得多。

这种时间膨胀效应还有另一种解释。从地球的角度来看，μ 介子运行的时间比地球的时间要慢。而从 μ 介子的角度来看，地球几乎以光速朝它们飞来。相对论的公式表明，这种情况下的地球将不再是球形，而是强烈的扁平状，因为地球运动方向的所有距离将被缩短。从而对于 μ 介子来说，到地球表面的距离只有不到 0.5 km。在 μ 介子的生命周期内，它能够轻易地运行这段距离，然后被地球上的物理学家们探测到。我们把这种运动物体距离的缩短称为长度收缩。

μ 介子的生成和到达地球表面是两个物理事件。从地球的角度来看，则是时间膨胀。但从 μ 介子的角度来看，则是长度收缩。这正是相对论的核心：自然界的属性取决于观测者的角度，或者更准确地说，如果观测者的参照系是一个所谓的惯性系，那么自然界的属性取决于该参照系的运动状态。狭义相对论中只考虑惯性系的情况。哪种说法才是这个问题的"真正"答案，这种思考毫无意义，因为在宇宙中，既不存在绝对时间也不存在绝对空间。此外，时间和空间是密切相关的，像橡皮筋一样灵活。

P.241

那么，什么是惯性系？假如你的厨房餐桌上放着一碗准备喝的汤，在我们把勺子伸进碗里之前，汤的表面都是完全平滑的。当我们把碗放在一架平稳、匀速飞行的飞机桌子上时，情况也是如此。两者有什么区别？如果我们不知道汤是在飞机上，那么将无法把这碗汤和厨房餐桌上的那碗汤区分开来。当汤在厨房餐桌上时，汤相对于地球的速度是 0。而当汤在飞机上时，汤相对于地球的速度可能是 850 km/h。这种现象正是狭义相对论的两个基本假设之一。在没有窗户的匀速运动参照系中,用户无法区分"静止"和"运动"。因此,我们将所有惯性系都视为等同的。

　　这种假设会产生非常有趣的结果,即同时性的相对性。假如一名空乘人员在飞机后部,另一名在飞机前部。有人位于两名空乘人员正中间,用数码相机拍照,发出了一道闪光。发射出的光子正好在同一时刻到达两名空乘人员的眼睛,他们在同一时刻观察到这一事件。然而在地球上的观测者眼中,结论却大相径庭。从他们的角度看来,光子先到达位于飞机后部的空乘人员,之后到达位于飞机前部的空乘人员。其原因是飞机后部的运动方向是朝着光子的,而飞机前部的运动方向则是远离光子的。所以从地球上的观测者看来,飞机前部和后部不存在同时性。哪个观测者是对的?都是对的!由于惯性系的原因,不可能存在事件的绝对同时性。如果位于惯性系中的两个不同位置同时发生了两个事件,那么在相对于第一个系统的运动惯性系中,这两个事件发生的时间是不同的,这就是相对论原理的内容。P. 242

　　当然,时间膨胀不仅仅是惯性系才有的现象,在加速系统甚至日常生活中都存在时间膨胀,只是我们没有注意到而已。当比赛结束后,刘易斯·汉密尔顿(Lewis Hamilton)从他的赛车里出来时,他实际上比看台上的观众要年轻一些,这些观众相对于他来说是静止的。他自己没有注意到这一点,原因是时间差非常小。然而如果他手腕上有一个极其精确的原子计时设备的话,他将能够精准地计算出微小的时间差。事实上,研究人员用飞机和卫星上的高精度原子钟进行了这样的实验。通过这种方法,时间膨胀效应得到了直接的科学证明。因此,在我们的日常生活中,一直都存在着细微的相对论效应。我们完全可以忽略这种效应,因为日常生活中的速度要比光速低得多，然而在技术应用上却并非如此。你知道吗？汽车上的导航系统能够正常工作，是因为它考虑到了时间膨胀效应。这项技术主要是基于电磁辐射信号的比对。由于卫星（或量子卫星）以极快的速度围绕地球运动，所以你车上的时间和卫星上的时间会有些许不同。车载 GPS 系统需要很高的精度，因此必须考虑这种时间差异，否则，导航设备可能会产生数百米的误差！

P.243　　我们回到三胞胎佯谬的例子。人们经常提的一个问题是，我们无法知道两个观测者中的哪一个处于运动状态，哪一个处于静止状态，因此可能会对时间膨胀效应产生质疑。飞船里的路易当然不会觉得自己处于运动状态，他觉得自己是静止的。从路易的角度来看，地球先是远离他，然后朝他运动。事实证明，是路易远离地球。他的飞船需要经过加速才能够接近光速，这样的话，飞船就不再是惯性系，因为惯性系是匀速运动的。因此，与惯性系相比，非惯性系并不是一个合适的参照系。此外，在实践中，必须考虑宇宙飞船的来回路径，这里又需要加速和减速。虽然确实很难进行精确的分析，但人们必然会得出这样的结论：路易在宇宙飞船上的时间要比在地球上他的兄弟们的时间慢得多。

　　然而，相对论本身并没有明确解释时间膨胀效应发生的原因。它是时间膨胀效应的前提，但没有对这种现象进行定量解释。因此，需要用另一个公理来对这个基本假设进行补充。爱因斯坦最初构思的是光速不变原理，但后来将其扩展到一个更基本的假设：信号传输效应。有用信息（即可以具体获取的信息）在真空中的传输速度永远无法超过光速。我们来看看这个假设对宇航员路易的影响。

生物钟的流逝

　　假设路易坐在飞行的宇宙飞船中,我们来看看他是如何将头微微倾斜来观察脚趾尖(T)的。为了看到自己的脚趾(接收光学信息),至少需要有一个光子从 T 到达路易的眼睛(E),那么光子的运动距离为 TE。然而从地球的静止惯性系的角度来看,由于飞船在这段时间内的运动速度非常高,因此光子需要运动更长的距离(TE)′。此时的关键在于,根据爱因斯坦的假设,传递有用信息的光子,其速度永远无法超过光速。因此,光子在运动距离为(TE)′时所用的时间比运动距离为 TE 时所用的时间要长,也就是说,路易在飞船上接收到脚趾信息的时间比他在地球上这样做接收到信息的时间要晚。出于这个原因,与静止的观测者相比,运动对象上的时间流逝速度会不可避免地降低,这样光速才能在两种情况下保持恒定(光子本身的速度为光速)。现在我们也可以对时间膨胀效应进行定量解释,分别通过相对速度和光速进行直接计算。时间膨胀效应源于任何不等于零的相对速度,然而只有当运动对象的速度接近光速时,才会出现显著的偏差。因此,我们在日常生活中感受不到时间膨胀效应。那么时间膨胀效应对路易的生理年龄意味着什么?毕竟,他已经进入了他兄弟们的未来。时间膨胀效应能像神话中的青春之泉一样吗?仁者见仁,智者见智。

　　早在 1905 年,爱因斯坦就提出了手表的时间膨胀效应。1911年,通过比较三胞胎伴谬的生命周期,他将这一理论扩展到有机生物。当处于静止状态的有机生物变得衰老时,对高速运动的有机生物而言却只是一瞬间。爱因斯坦认为,让路易更加年轻的原因只有一个:因为与静止的观测者相比,路易的时间过得更慢。换句话说,当他在太空航行中,他的"生物钟"(真实时间)的流逝速度比

P.244
P.245

他的兄弟们的（地球时间）更慢，因为他没有以如此高的速度生活，所以他进入了未来。当路易的速度达到光速时，他的时间流逝为零，时间将静止！幸运的是，这种情况永远不会发生，因为具有静止质量的物体（如原子、人类或鸭子）永远无法达到光速，否则需要耗费掉宇宙的所有能量。不，即使这样也还不够，后者在很大程度上会受到时间膨胀效应的影响。假如路易希望加速到光速，那么他的惯性（质量给加速造成的阻力）将越来越大，直到达到无穷大，实际原因在于相对惯性质量也将不断增加。我们可以通过使用时间膨胀效应的冲量来进行数学推导，从而得出结论。不管推进飞船需要耗费多少能量，最终都无法到达光速，因为质量和惯性都会以相同的比例增加。因此，我们可以直观地理解为，能量和质量是成正比的。这里可以用爱因斯坦著名的质能方程 $E=mc^2$ 来表示。

对量子互联网的意义

读者可能会问，这一切与量子互联网有什么关系，下面我们从一个重要的知识点开始分析。如上文所述，爱因斯坦的狭义相对论的很重要的基础是，经典（有用）信息的传输速度永远无法超过光速。狭义相对论不仅仅是一套理论，而且是一个被证明了上百万次的事实，即使不是物理学家也对这个非常重要的公理耳熟能详。那么它对量子互联网的意义是什么？

1. 传统互联网只传输有用信息，因此经典比特的传输速度最快都无法超过光速，每个通信工程师都明白这一点。然而许多人不知道的是，它起源于狭义相对论。此外，量子互联网可以实现量子信息的即时、无延迟传输，这就造成了传输的信息将自动变为不可用。因此，量子信息必须与经典信息严格分离。

2. 然而正是由于量子比特是瞬时传输的（见量子隐形传态），

P.246

且因为传输的信息不可用(见第 1 点),所以随后测量的量子比特值无法提前预测。否则,它们将立即转变为经典信息。因此,对纠缠量子比特的测量总是自动客观随机的。当然,这种量子随机性没有规律,因为理论上就是如此。因此,量子密钥分发时随机生成的量子比特是最好的随机数,它们没有规律,从而也永远无法通过算法来生成。

3. 由于物理上的原因,量子比特总是无法预测的,所以任何窃听操作都无法实现。然而经典信息无法对此类攻击免疫,实施窃 P.247
听攻击会使信息量翻倍。因此,对非经典量子信息的窃听是无法实现的。所以说量子比特具有内在安全性,它们无法被复制(不可克隆定理)。这是一个必要条件,但仍然不是充分条件。因此,不可克隆定理的有效性需要通过严格的量子力学来进行证明(见 3.6 节)。

4. 只有当经典信息能够实现超快速传输时,以上 3 点所述的内在安全性才会面临直接风险,而这与狭义相对论是完全矛盾的。这样将会使人们对不可克隆定理的有效性产生相当大的怀疑。

3.6　不可克隆定理

量子互联网安全的关键是不可克隆定理,该定理适用于量子中继器和量子过程的纠错方法等新技术研发。目前,不可克隆定理的无限有效性正受到许多评论家的质疑,尤其是根据物理学基本定律,该定理的保证内在安全性的能力。我们可以通过事实对这种质疑进行反驳:该定理可以从理论物理学的基本假设中由逻辑推导得出。威廉·伍特斯(William Wootters)等人最早于 1982 年通过反证法给出了证明。首先假设存在一个可以完美复制任意 P.248

量子比特的量子力学过程，然后用普通数学算符来反驳这一假设。不可克隆定理是时间演化算符的统一的结果，而时间演化算符又直接来源于量子力学公理。

如果你不相信这些知名理论物理学家的数学造诣和逻辑能力，也许另一个完全不同的理由——爱因斯坦的相对论可以将你说服。如前文所述，狭义相对论基于两个基本假设。第一，惯性系统都拥有同等的效力。第二，不存在任何比光速快的信号效应。第二点可以作为不可克隆定理的另一种证明的基础。给出该证明的作者是美国物理学家尼克·赫伯特(Nick Herbert)，他从理论上研究出一种基于量子纠缠的技术，能够实现有用信息的超光速传输。在赫伯特的论文中，他邀请科学家同行们给出能够反驳他的思维实验的证明。

高速数据传输？

当然，如果量子纠缠能以比光速更快的速度传递有用信息，那么对量子互联网来说将是一件非常好的事情。假如一颗量子卫星在爱丽丝和鲍勃之间建立了一条纠缠信道，如果爱丽丝测量得到二进制"1"，那么同时，鲍勃在任意远的距离，也将在测量中得到"1"。如果爱丽丝测量得到"0"，那么鲍勃也立即得到"0"，依此类推。通过这种方式，爱丽丝能够以超快的速度把数字信息传输给鲍勃，这种通信方式超越了通信工程的任何已知维度。然而，这是

P.249 无法实现的。我在量子密钥分发的例子中已经进行了详细说明，每次测量都将使量子比特衰减为随机比特值，就像对纠缠系统的每次测量都会受到客观随机性的影响一样，也就是说，信息无法直接以这种方式进行传输，否则爱因斯坦的相对论会像纸牌屋一样坍塌。毕竟，正由于信息无法直接以这种方式进行传输，才会存在

时间膨胀效应,这一点已经通过实验得到了验证。

尼克·赫伯特的"超光速设备"

尼克·赫伯特的思维实验正好解决了这个问题。难道不能在量子纠缠的基础上发明一种超光速的数据传输机器吗? 要知道,在 1982 年激光物理学还没有得到彻底的研究。激光原理是基于受激辐射光的放大,当时人们尚不清楚是否能够实现对某些量子态的多次完美复制。如果可能的话,我们可以将一个输入态发送到激光器中,接着同一状态的多个副本将出现在输出端。这样我们就能将一个具有特殊状态的光子送入激光器,从而输出具有完全相同性质的数万亿的光子。

因此,赫伯特提出了一个设想,他称之为 FLASH 系统——"第一个激光放大超光速连接"系统的首字母缩写,其基本概念十分简单。当爱丽丝和鲍勃在一个纠缠的双光子系统中进行测量时,那么当爱丽丝获得测量值时,鲍勃的测量值也是预先确定的。然而由于量子随机性,无法传输可用信息(见前文)。但是如果在光子到达鲍勃之前,将其作为输入态通过激光,那么将会产生万亿次的拷贝。这里的优点是鲍勃可以用分束器来分割激光束,并使用"光子统计"来确定爱丽丝刚才制备的状态。例如,如果爱丽丝将状态设置为"1",另一个未知状态设置为"0",那么她可以使用特定的序列将经典信息传递给鲍勃。由于量子纠缠的原因,信息的传递速度比光速还快。 P. 250

总而言之,这个系统的工作原理就像发电报一样。我们可以把爱丽丝的测量比作是莫尔斯码的点和破折号,鲍勃将能够高速破译爱丽丝的密码的每一个比特。这个例子的关键在于假设我们可以对量子态进行完美复制。

更多细节

假如发射纠缠光子的源是朝不同的方向发射的，就像我们的EPR实验一样，那么光子可能是线偏振或圆偏振的。圆偏振（即光子的自旋）指的是用电场矢量强度对沿光波传播方向的圆周运动进行描述，顺时针或逆时针都可以。为了尽可能简单地描述这种情况，先介绍几个缩略语：线偏振光（linearly polarized light，Lp）是水平（horizontally，H）偏振或垂直（vertically，V）偏振的，圆偏振光（circularly polarized light，Ci）是右旋（right，R）偏振或左旋（light，L）偏振的。两者的相互关系为：如果爱丽丝的测量结果为H，那么根据贝尔定理，鲍勃的测量结果为V。同理，如果爱丽丝的测量结果为R，那么鲍勃的测量结果为L。因此，爱丽丝的测量结果对鲍勃的测量结果有直接的影响。由于量子纠缠的原因，这种效应比光速快。当然，爱丽丝可以自由选择线偏振或圆偏振。假设爱丽丝选择圆偏振，随机的测量结果为L，那么由于纠缠的原因，鲍勃的状态将自动确定为R。现在根据赫伯特假设，在这个光子到达鲍勃的测量设备之前，将其通过激光器作为输入。如果激光器的输入态等于输出态，那么鲍勃将得到一束R偏振光子束。他可以利用分束器将光束分开，对一半光子进行线偏振测量，对另一半光子进行圆偏振测量。赫伯特认为，在这种情况下，50％的光子是纯状态R，25％的光子是状态H，还有25％的光子是状态V。根据这个测量结果，鲍勃能够确定爱丽丝进行的是圆偏振测量。也就是说，纠缠的定义是瞬时的，它能够直接以光速进行单比特传输。我们举个例子，如果爱丽丝想发送比特序列1001，那么她可以选择测量序列为Ci，Lp，Lp，Ci，…。如果鲍勃知道了比特顺序，他就能准确地进行序列重构。

理论物理学家反驳该思维实验

　　然而,赫伯特的超光速设备在实践中无法正常工作。威廉·伍特斯、沃杰克·祖瑞克(Wojciech Zurek)、图利奥·韦伯(Tullio Weber)、吉安卡洛·吉拉尔迪(Giancarlo Ghirardi)、丹尼斯·德克斯(Dennis Dieks)等人指出,这种设备发送信号的速度无法超过光速。原因是处于状态 R 的光子是状态 H 和状态 V 的线性组合,每一个子态都会在激光器中放大。因此,输出的不会是纯状态 R,而是两种状态的叠加,要么所有光子都处于状态 H,要么所有光子都处于状态 V,两种可能的概率各为 50%。因此,鲍勃只能收到“噪声”,他无法得到状态分别为 H 和 V 的 25% 的光子。从而可得结论,赫伯特的 FLASH 系统无法正常工作,狭义相对论和不可克隆定理仍然有效。 P.252

一项基本发现

　　有趣的是,正是赫伯特的思维实验使理论物理学家们对这个问题产生了兴趣,从而发现了具有重大意义的不可克隆定理。赫伯特所构思的实验假设量子信息可以通过激光进行复制。然而,后来量子力学的证据表明,在不破坏原始量子态的情况下,无法对任意量子态进行复制。第二项重要结论是量子力学与狭义相对论并不矛盾。这一点很重要,否则的话,将会出现无法描述的佯谬。

　　假设可以实现量子信息的复制,那么将有可能以超光速传输信息。我们会发现,相对论中的因果关系将被推翻。由于空间事件的顺序取决于观测者,因此会产生因果关系的问题。因为如果在一个参照系中,事件 A 发生在事件 B 之前,而在其他参照系中,事件 B 发生在事件 A 之前,那么事件 A 可能是事件 B 的起因,而事件 B 又可能是事件 A 的起因。这就出现了佯谬，一件事件追溯性地阻止了过去这件事件的发生。但是同时也可能出现另一种情景，即时间以超光速倒流。从逻辑上来说，狭义相对论认为只有"类时"或"类光"的事件才能相互影响，而不会产生因果关系问题。因此，狭义相对论提出一条公理，即假设光速有一个最大值（约为 3×10^8 m/s），与光源和观测者的运动无关，且光速永远无法超越。

P.253

由于光也有信号作用，可以传递信息，因此该假设同样适用于可用信息，即可用信息的传输速度永远无法超越光速。爱因斯坦曾被这类问题所困扰，这类问题都会得到许多怪异结果，例如著名的"祖父佯谬"：假如你有穿越时空的能力，设定你的目的是回到过去，杀死自己年轻时的祖父，当年轻的祖父被杀死了，你的父亲自然就不会出生，没有父亲也自然不会有你，那么是谁杀了祖父呢？出于某些原因，自然界总能确保如此矛盾的事情永远不会在我们的世界里发生。显然，其中部分原因和量子理论中的定理类似，例如不可克隆定理或客观随机性。

3.7　结束语

现在，本书的读者已经对量子物理的轮廓有了一定的理解，也许未来某一天，量子互联网技术将会出现，这是实现量子互联网设想的最重要的前提。众所周知，只有符合自然法则的事情才有可能在技术上实现。对量子物理而言，自然界展现了它最慷慨的一面，将信息论的视角进行了显著扩展。未来的量子互联网不仅能将基于算法的安全性与基于物理定律的安全性进行互换，而且还可以将量子计算机联网，进行分布式和模块化计算。量子互联网的超高速协调能力将能够胜任这些工作，我们可以通过应用量子隐形传态的方法来达到这个目标。相关的中继器技术能够实现远距离量子信息的传输,随后将这些量子信息存储在本地量子存储器中。这种方法开启了数据传输速率的一个新维度,超越了迄今为止所有的数据传输方法。令人惊讶的是,这项看起来十分怪异的量子理论却反映了世界的实际结构。因此,正是无处不在的退相干才构成了我们日常生活的世界。今天科学家们普遍认为量子物理是对自然界的最基本描述,也就是说,量子物理并不是高级理论的一部分、一个特例,而是一套公理体系。这一点尤其重要,因为历史一再表明,物理学的基本发现通常都会给人类生活带来本质性的变化。　P.254

一些读者可能会感到失望,量子互联网根本不适合流媒体、博客及游戏下载。此外,我们的日常电子邮件和在线商务交易将继续在传统互联网上运行。但量子技术将可以使数据保护(尤其是针对上述交易的数据保护)达到前所未有的质量水平。这里主要涉及 IT 系统的长期安全性,这一点对于金融交易、现代工业体系、关键基础设施、中央管理系统及未来移动通信需求来说都是必不可少的,最终可以使整个社会从中受益。需要再次指出的是,我们目前的安全所基于的概念并不是一个永久的解决方案,原因就在于它的算法复杂性。计算机的性能可能会突然发生大幅提高,从而造成算法被破解。这就需要对算法及其实现领域及时进行研究,包括经典方法和量子力学方法。研究表明,将量子密钥分发与　P.255
这些方法相结合的潜力非常大,也可以将量子通信用于其他一些过程,如安全时间戳和量子认证。研究工作不会止步于此。

从技术上讲,量子互联网的另一个重要方面是它的更远大目标:强大的量子计算机网络。今天的量子模拟器已经展现出非常强的潜力,它们不仅能帮助人们理解复杂多粒子系统的世界,还能为传统计算机无法有效计算的任何量子问题提供解决方案。随着拓扑材料被人们发现，固态量子计算出现了新的发展机遇，利用这方面的知识可能会产生对人类有益的技术创新。实验物理学家、理论物理学家和工业技术专家合作，将极有可能会制造出技术上可用的量子计算机，这也许仅仅是时间和可用资源的问题。根据当前的估计，第一次真正意义上的突破有望在未来 10～20 年内实现。技术的发展会在 2050 年左右变得真正有趣起来，并进入快车道。我们可以想象，到那时可能许多人会用上最早的量子云。全世界的程序员都在通过不断地优化来为实现这一目标提供技术支撑。这一切将会带来真正意义上的创新和应用，即使今天我们无法想象出这些应用的内容。无论如何，量子计算机需要的是一种与传统编程方式不同的新方法和新思维方式，一个新时代正在到来。今天，"量子思维！"是谷歌研究实验室的座右铭，这句话可能会成为下一代的主旋律。许多年轻而有创造力的人将参与到这一进程中来，推动量子技术的发展。当代的每个儿童几乎都直接受到计算机和互联网这一新时代的影响。

P.256

欧洲核子研究中心的物理学家蒂姆·伯纳斯·李（Tim Berners‐Lee）于 20 世纪 80 年代末发明了互联网，当时令他没有想到的是，互联网引发了全球性革命。物理学家为高新技术提供了关键的输入，因此他们将继续持续性地影响人类的命运。霍伊玛·冯迪特富特（HoimarVonditfurth）说，物理的任务是对没有奇迹的世界进行解释。为了实现这个目标，科学领域如同奇迹一般地诞生了量子理论。这句话也同样适用于本书的内容——通用量子超级网络，一种不再仅仅是幻想的科学杰作。

参考文献

Einstein, A.: Quantenmechanik und Wirklichkeit. Dialectica **2**, 320–324 (1948)

Einstein, A., Podolsky, B., Rosen, N.: Can quantum-mechanical description of physical reality be considered complete. Phys. Rev. **47**, 777–780 (1935)

Herbert, N.: FLASH—a superluminal communicator based upon a new type of quantum measurement. Found. Phys. **12**, 1171 (1982)

https://www.youtube.com/watch?v=Pf92k-sfKdk&t=1349s

https://www.youtube.com/watch?v=XirbbUxOxiU

https://arxiv.org/abs/1103.3566

https://arxiv.org/abs/1801.06194

https://doi.org/10.1103/PhysRevLett.49.1804

https://arxiv.org/abs/quant-ph/9810080

https://de.wikipedia.org/wiki/Ubiquitous_computing

https://www.oeaw.ac.at/detail/event/pan-jianwei-unter-top-ten-forschern/

https://www.nature.com/articles/nphoton.2017.107

https://de.wikipedia.org/wiki/Schrödingers_Katze

Wootters, W., Zurek, W.: A single quantum cannot be cloned. Nature **299**, 802 (1982)

Zeilinger, A.: Einsteins Schleier, p. 171. C. H. Beck München, Munich (2003)

Zeilinger, A.: Einsteins Spuk, p. 86. C. Bertelsmann München, Munich (2005a)

Zeilinger, A.: Einsteins Spuk, p. 73. C. Bertelsmann München, Munich (2005b)

Zeilinger, A.: Einsteins Spuk, 201ff. C. Bertelsmann München, Munich (2005c)

索 引[①]

[①]　位于索引词条中的数字是英文原书的面码,对应于本书正文切口处的边码。——
编者注

L

M